电工技术更易学

电工技能

杨清德　主编

U0266193

 化学工业出版社

·北京·

图书在版编目（CIP）数据

电工技能/杨清德主编. —北京：化学工业出版社，
2015.2
（电工技术更易学）
ISBN 978-7-122-22554-2

Ⅰ.①电… Ⅱ.①杨… Ⅲ.①电工技术 Ⅳ.①TM

中国版本图书馆 CIP 数据核字（2014）第 296067 号

责任编辑：高墨荣　　　　　　　　　装帧设计：刘丽华
责任校对：王素芹

出版发行：化学工业出版社（北京市东城区青年湖南街 13 号　邮政编码 100011）
印　　装：北京云浩印刷有限责任公司
850mm×1168mm　1/32　印张 7¼　字数 212 千字
2015 年 3 月北京第 1 版第 1 次印刷

购书咨询：010-64518888（传真：010-64519686）　售后服务：010-64518899
网　　址：http://www.cip.com.cn
凡购买本书，如有缺损质量问题，本社销售中心负责调换。

定　　价：29.00 元

电工技术涉及的内容较多，我们通过对企业生产岗位电工的任务及职业能力的分析，以电工职业生涯发展需求为中心，将理论与实践进行有机融合，以实践操作为线索，编写了这套与实际生产过程相一致的《电工技术更易学》丛书，包括《电工基础》、《电工识图》、《电工技能》、《电工计算》、《电工电路》和《PLC 技术》共 6个分册。

本套丛书具有以下特点。

（1）讲究"实在"、"实效"。针对电工初学者应掌握的基础知识及基本技能，取材合适，深度、广度适宜，采用通俗易懂的语言，图、表、文配合恰当，叙述生动，可读性强，使读者能够看得懂，学得会。

（2）内容丰富。在内容安排上，重在搭建知识框架，并与实际相结合，以基本技能为主，避免深难内容，较好地适应了初学者具备的知识基础。读者通过本丛书学习后，可构建自己的知识体系，掌握电工必备知识和操作技能，为今后工作和进一步学习打下基础。

（3）在版式设计上，采用了比较活泼、轻松的风格，与内容相匹配。

（4）从多角度探究轻松学电工技术的秘密，使丛书更具完备性。

（5）浓缩了编者近年来出版的电工类图书的精华，注重体现新工艺、新技术、新材料、新设备的发展和应用。

本书为《电工技能》分册。本书根据维修电工国家职业标准，结合生产实际的要求编写而成，主要内容包括电工操作基本技能、电工工具及仪表使用技能、常用高低压电器应用技术、三相异步电动机控制电路安装技能、常用电动机的应用技能、变频器和 PLC 应用技能等。

　　本书内容丰富，深入浅出、主次分明，实用性强，可供广大电工人员、电气工程技术人员、职业院校电类专业师生以及电工爱好者阅读参考。

　　本书由特级老师杨清德主编，参加编写的还有周万平、乐发明、胡萍、黎平、成世兵、蔡定宏、杨松、李建芬、廖代军、谭定轩、余明飞、冉洪俊、胡大华等。

　　本书在编写过程时，借鉴了众多电工师傅和电气工作者所提供的成功经验和资料，在此谨向他们表示最诚挚的谢意。

　　由于编者水平所限，加之时间仓促，书中疏漏在所难免，敬请批评指正，盼赐教至 yqd611@163.com，以期再版时修改。

编　者

目录

第5章　电动机应用技能　130

第6章　变频器和PLC应用技能　178

第1章
电工操作基本功

1.1 导线电连接

　　导线电连接是安装、维修工作中的一道重要工序。导线电连接方法很多，有绞接、焊接、压接、紧固螺钉连接等，不同的电连接方法适用于不同的导线种类和不同的使用环境。

1.1.1 导线绝缘层的剥削

　　(1) 芯线截面积在 4mm² 以下 (4mm²) 的塑料硬线绝缘层的剥削

　　① 左手握住电线，根据线头所需长短用钢丝钳口切割绝缘层，如图 1-1 (a) 所示。

　　② 用右手握住钢丝钳头部用力向外去除塑料绝缘层，如图 1-1 (b) 所示。

　　(2) 芯线截面积大于 4mm² 的塑料硬线绝缘层的剥削

　　① 根据需要的长度，用电工刀以 45°角倾斜切入塑料绝缘层，如图 1-2 (a) 所示。

　　② 将电工刀与芯线保持 25°角左右，向线端推削，如图 1-2 (b) 所示。

　　③ 将剩下的塑料绝缘层向后扳翻，如图 1-2 (c) 所示。

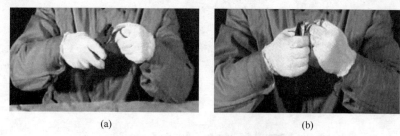

(a)　　　　　　　　　　　　　(b)

图 1-1　用钢丝钳口切割绝缘层

④ 用电工刀切去向后扳翻的塑料绝缘层，如图 1-2（d）所示。

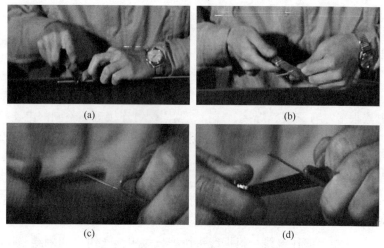

(a)　　　　　　　　　　　　　(b)

(c)　　　　　　　　　　　　　(d)

图 1-2　用电工刀来剥削塑料线绝缘层

（3）塑料护套线绝缘层的剥削

① 按所需长度用电工刀刀尖对准芯线缝隙划开护套层，如图 1-3（a）所示。

② 向后扳翻护套层，用刀切去，如图 1-3（b）所示。

③ 其他剥削方法如同塑料硬线绝缘层的去除，如图 1-3（c）所示。

（4）塑料软线绝缘层的剥削

塑料软线绝缘层应用剥线钳剥削，如图 1-4 所示。

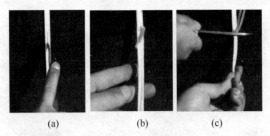

图1-3 用电工刀剖削护套线绝缘层

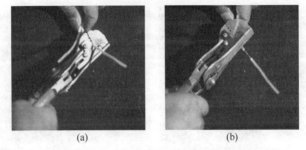

图1-4 用剥线钳剥削塑料软线绝缘层

(5) 电力电缆绝缘层的剥削

电缆铅皮按照所需长度划印，用电工刀切一圈；对铅包绝缘层先用电工刀把铅包层切割两刀，拉出铅条，然后用双手搬动切口，把铅包层套拉出来，其过程如图1-5所示。

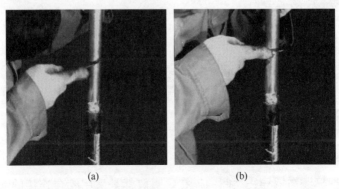

图1-5

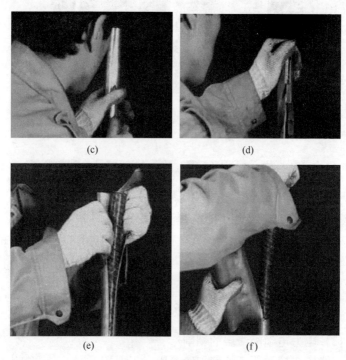

图 1-5　剥削电缆绝缘层

友情提示

　　① 无论采用何种工具和剥削方法，都不能损伤导线的线芯。

　　② 剥削出的芯线应完整无损，若损伤较大应重新剥削。

　　③ 使用电工刀剥削绝缘层时，不允许采用刀在导线周围转圈剥线绝缘层方法。

1.1.2　导线的绞合连接

　　铜导线与铜导线之间的连接，一般都是采用绞合连接的方法。

所谓绞合连接是指将需要连接导线的线芯直接紧密绞合在一起。

(1) 单股铜芯导线直接连接

① 先将两导线端去其绝缘层后作"×"形相交，如图 1-6（a）所示。

② 互相绞合 2～3 匝后扳直两线头，如图 1-6（b）所示。

③ 两线端分别紧密向芯线上并绕 5～6 圈，如图 1-6（c）所示。

④ 把多余线端剪去，如图 1-6（d）所示。

⑤ 钳平切口，如图 1-6（e）所示。

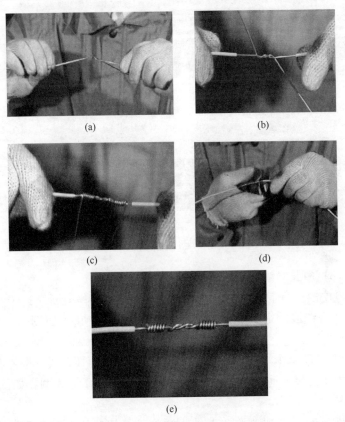

(a)　　　　　　　　(b)

(c)　　　　　　　　(d)

(e)

图 1-6　导线直接连接

（2）单股铜芯导线分支连接

① 支线端和干线十字相交，如图 1-7（a）所示。

② 支线芯线根部留出 3mm 后在干线缠绕一圈，再环绕成结状，如图 1-7（b）所示。

③ 收紧线端向干线并绕 6～8 圈，如图 1-7（c）所示；剪平切口，如图 1-7（d）所示。如果连接导线截面较大，两芯线十字相交后，直接在干线上紧密缠绕 8 圈即可。

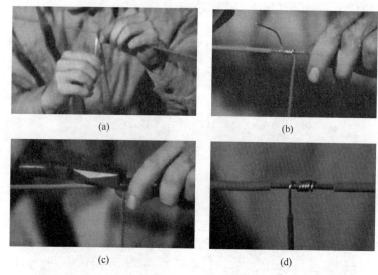

（a）　　　　　　　　　　　　（b）

（c）　　　　　　　　　　　　（d）

图 1-7　导线分支连接

（3）多股导线的直线连接

① 先把剥削去绝缘层的芯线头散开并拉直，剪断靠近绝缘层根部 1/3 线段的芯线，把 2/3 芯线头分散成伞状，如图 1-8（a）所示。

② 把两组伞状芯线线头隔根对插，并捏平两端芯线，选择右侧 1 根芯线扳起，垂直于芯线，并按顺时针方向缠绕 3 圈，如图 1-8（b）和（c）所示。

③ 将余下的芯线向右扳直，再把第 2 根芯线扳起，垂直于芯

线，仍按顺时针方向紧紧压住前 1 根扳直的芯线缠绕 3 圈，如图 1-8（d）所示。

④ 将余下的芯线向右扳直，再把剩余的芯线依次按上述步骤操作后，切去多余的芯线，钳平线端，如图 1-8（e）所示。

⑤ 用同样的方法缠绕另一边芯线，切去多余的芯线，如图 1-8（f）所示。

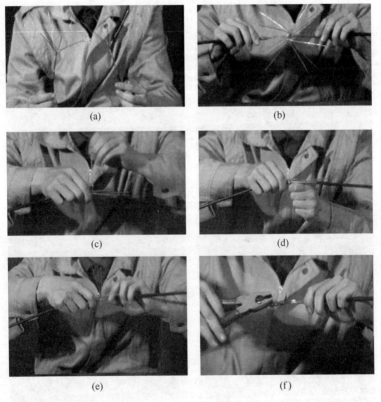

图 1-8　多股导线的直线连接

(4) 多股导线的 T 形分支连接

① 将分支芯线散开钳直，接着把靠近绝缘层 1/8 线段的芯线绞紧（以 7 股铜芯线为例），如图 1-9（a）所示。

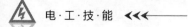

② 将其余线头 7/8 的芯线分成 4、3 两组并排齐，用"一"字螺钉旋具把干线的芯线撬分两组，将支线中 4 根芯线的一组插入两组芯线干线中间，而把 3 根芯线的一组支线放在于线芯线的前面，如图 1-9 (b) 所示。

③ 把右边 3 根芯线的一组在干线一边按顺时针方向紧紧缠绕 3～4 圈，钳平线端，再把左边 4 根芯线的一组芯线按逆时针方向缠绕，缠绕 4～5 圈后，钳平线端，如图 1-9 (c)～(f) 所示。

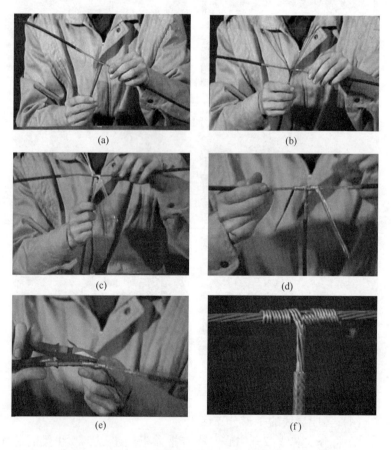

图 1-9　多股导线的 T 形分支连接

 **友情提示**

连接导线的基本要求如下。

① 电气接触好，即接触电阻要小。

② 要有足够的机械强度。

③ 连接处的绝缘强度不低于导线本身的绝缘强度。

1.1.3 导线的紧压连接

所谓紧压连接是指用铜或铝套管套在被连接的芯线上，再用压接钳或压接模具压紧套管使芯线保持连接。铜导线（一般是较粗的铜导线）和铝导线都可以采用紧压连接。铜导线的连接应采用铜套管，铝导线的连接应采用铝套管。

（1）铜导线或铝导线的紧压连接

压接套管截面有圆形和椭圆形两种，如图 1-10 所示。

圆截面套管的使用如图 1-11 所示，椭圆截面套管的使用如图 1-12 所示。

图 1-10　压接套管

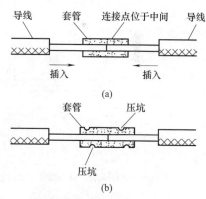

图 1-11　圆截面套管的使用

（2）铜导线与铝导线之间的紧压连接

① 采用铜铝连接套管。使用时，将铜导线的芯线插入套管的铜端，将铝导线的芯线插入套管的铝端，然后压紧套管即可，如图

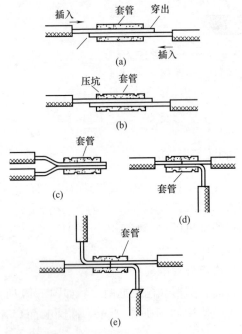

图 1-12 椭圆截面套管的使用

1-13 所示。

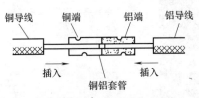

图 1-13 采用铜铝连接套管

② 将铜导线镀锡后采用铝套管连接，如图 1-14 所示。

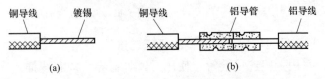

图 1-14 将铜导线镀锡后采用铝套管连接

友情提示

① 压接多股细丝的软线芯线时，应先绞紧线芯，再插入针孔，决不应有细丝露在外面，以免发生短路。

② 采用压线钳压接后的导线端头，可以用力拉动接头检查接线情况，出现接头脱落和松动应重新压接。

1.1.4 导线与接线桩的连接

（1）线头与平压式接线桩的连接

对于较小截面的单股导线，先去除导线头的绝缘层，把线头按顺时针方向弯成圆环，这种芯线连接圈俗称"羊眼圈"，如图 1-15 所示。

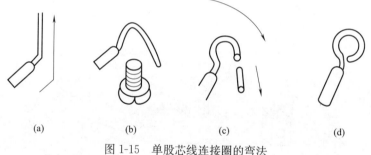

(a)　　　　　(b)　　　　　(c)　　　　　(d)

图 1-15　单股芯线连接圈的弯法

（2）线头与瓦形接线桩的连接

线头与瓦形接线桩的连接方法，如图 1-16 所示。

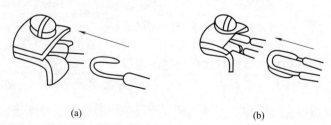

(a)　　　　　　　　　　(b)

图 1-16　线头与瓦形接线桩的连接

(3) 多股芯线与针孔线桩的连接

① 若针孔大小适宜，可以直接将线头插入针孔，如图 1-17 （a）所示。

② 若针孔过大，将线头排绕一层，再插入针孔，如图 1-17 （b）所示。

③ 若针孔过小，先把线头剪断两股，再将线头绞紧后，插入针孔，如图 1-17 （c）所示。

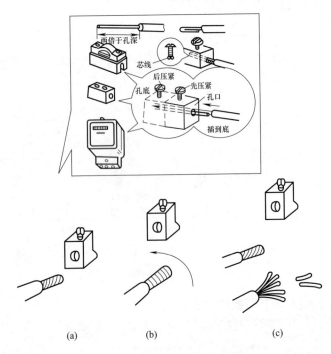

(a)   (b)   (c)

图 1-17　多股芯线与针孔线桩的连接

(4) 线头与小型螺钉式平压桩的连接

端子板、某些熔断器、仪表、拉线开关等设备的螺钉式平压桩，连接时，一般是先把导线线头做成接线圈，再进行连接，如图 1-18 所示。

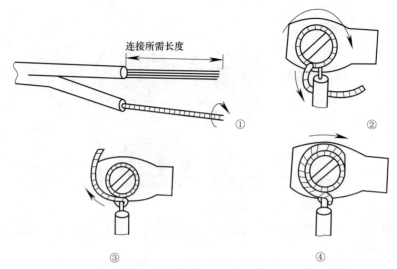

图 1-18　线头与小型螺钉式平压桩的连接

【知识窗】

电线快速接头使用方法（如图 1-19 所示）

直接系列缆虫使用方法说明

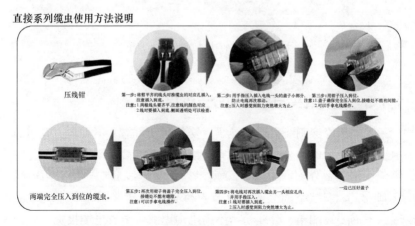

图 1-19

短接系列缆虫使用方法说明

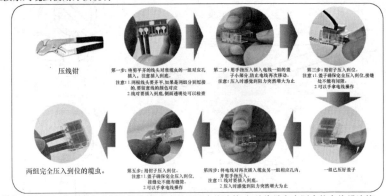

缆虫应用范围：家庭装修电源线路连接,室内外照明电线连接,各种信号和电源电线和线缆连接等诸多领域。

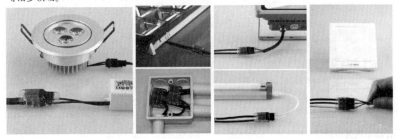

图1-19 电线快速接头使用方法

1.1.5 穿刺线夹与导线的分支连接

采用绝缘穿刺线夹连接导线，安装简便可靠，不需剥去电缆的绝缘皮即可做电缆分支，接头完全绝缘。不需截断主电缆，可在电缆任意位置做分支，如图1-20所示。绝缘导线分支连接采用绝缘穿刺线夹，安装空间极小，可节省桥架和土建费用；在建筑中应用，不需要终端箱、分线箱，不需电缆返线，节省电缆投资（仅为插接母线的40%左右，是预制分支电缆的60%左右）。

架空低压绝缘电缆连接

低压绝缘进户电线T接

建筑配电系统T接

图 1-20　绝缘穿刺线夹的典型应用

　　利用绝缘穿刺线夹做电缆分支连接时，将分支电缆插入支线帽并确定好主线分支位置后，用套筒扳手拧紧线夹上的力矩螺母，随着力矩螺母的拧紧，线夹上下两块暗藏有穿刺刀片的绝缘体逐渐合拢，同时，包裹在穿刺刀片周围的弧形密封胶垫逐步紧贴电缆绝缘层，穿刺刀片亦开始穿刺电缆绝缘层及金属导体。当密封胶垫和绝缘油脂的密封程度和穿刺刀片与金属体的接触达到最佳效果时，力矩螺母自动脱落，此时，安装完成且接触点密封和电气效果达到最佳。其操作步骤及方法如图 1-21 所示。

1.把线夹螺母调节至合适位置

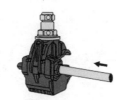
2.把支线完全插入到电缆帽套中

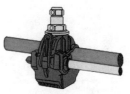
3.插入主线,如果主线电缆有两层绝缘层,则把插入端的第一层绝缘层剥去一定长度

4.先用手旋紧螺母,把线夹固定在合适位置

5.用尺寸相应的套筒扳手旋紧螺母

6.继续用力旋紧螺母直到顶端断裂脱落,安装完成

图 1-21　绝缘穿刺线夹做电缆分支连接的步骤及方法

1.1.6　导线与接线耳的连接

线头与螺钉平压式接线桩连接时，为了保证接线质量，导线线头应先连接在接线耳上（也称"封端"），然后再将接线耳连接在螺钉平压式接线桩上。

小截面导线线头与接线耳的连接要使用专门的压线钳。压线钳的钳口有多种规格的压齿，可视接线耳的大小选用，如图1-22（a）所示。小截面导线的接线耳也有多种类型和不同的规格，可根据导线的截面积和螺钉平压式接线桩的规格选用，如图1-22（b）所示。

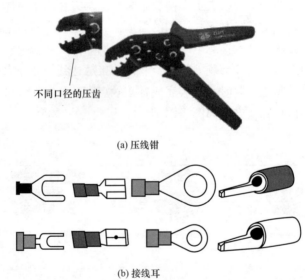

不同口径的压齿

(a) 压线钳

(b) 接线耳

图1-22　专用压线钳和接线耳

小截面导线线头与接线耳连接的操作步骤及方法如下。

① 线头插入。压接前，用剥线钳将导线线头的绝缘层剥去（有些压线钳本身就带有剥线口）。将芯线绞紧后插入接线耳中，如图1-23（a）所示。

② 压线。将接线耳放入压线钳钳口相应的压齿中，用力压下

钳柄，直压到底，此时钳口会自动反弹松开，完成导线与接线耳的连接，如图1-23（b）所示。

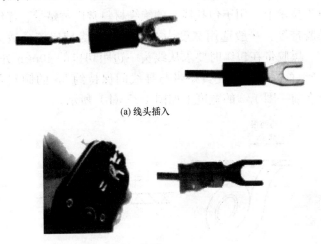

(a) 线头插入

(b) 压线

图 1-23　小截面导线线头与接线耳的连接

大截面导线与螺钉平压式接线桩连接时，先将已擦干净和绞紧的芯线（铜芯线应上锡）插入接线耳的进线孔，然后用专用压接钳压接，如图1-24所示。最后再与设备的接线桩连接。

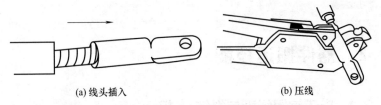

(a) 线头插入　　　　　　　　　　　　　　(b) 压线

图 1-24　大截面导线线头与螺钉平压式接线桩的连接

友情提示

截面积较大的铜导线与螺钉平压式接线桩连接时，也可以用锡焊的方法来封端。

1.1.7 导线连接处的绝缘处理

电工技术上，用于包扎线头的绝缘材料常用黄蜡带、涤纶薄膜带、黑胶带等。一般选用宽度为 20mm 的绝缘带比较合适。常用薄膜带、黑胶带在包缠时要求从线头一边距切口的 40mm 处开始，如图 1-25（a）所示，使黄蜡带与导线间保持约 55°的倾斜角，后一圈压在前一圈 1/2 的宽度上如图 1-25（b）所示。

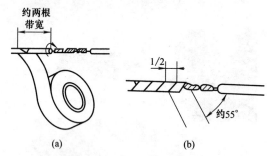

图 1-25　线头绝缘层恢复方法示意图

 友情提示

绝缘带包扎时，各包层之间应紧密相接，不能稀疏，更不能露出芯线。

1.2　器件搬运技能

1.2.1　电工常用绳索与绳结（扣）

（1）电工常用索具

电工器件搬运时，常用绳索有麻绳、白棕绳和钢丝绳等，如图 1-26 所示。

（2）常用绳结（扣）

电工在施工过程中，经常要使用到麻绳。打麻绳结（扣）时，

(a) 麻绳

(b) 白棕绳

(c) 钢丝绳

图 1-26 电工搬运常用绳索

不仅要考虑结打得牢，同时还要考虑易于松开和安全可靠。

绳结又称为绳扣，电工常用麻绳绳结（扣）的作用及做法如表 1-1 所示。

表 1-1 常用绳结（扣）的作用及扣结的方法

名称	作　用	做　法
抬物结	用来扛抬工件	
拖物结	用来拖拉较重的工件	
平结	用来连接两根粗细相同的麻绳	
对结	用来连接麻绳或者钢丝绳的两端	
拽物结	用来拽拉各种导线，使导线展直	
吊物结	用来吊取工件或工具	

名称	作　　用	做　　法
活结	用来连接两根粗细相同的、需要迅速解开的麻绳	
腰绳结	用于高空作业时拴腰绳，或在紧线时用来连接绳索与导线	**导线或钢丝绳**

1.2.2　人力搬运

在电力安装、维修施工时，有时候电工也要充当临时"搬运工"。掌握物品搬运的一些基本常识，可避免发生一些本不应该发生的事故。

（1）人力搬运的基本方法及安全要求

① 搬运重物之前，应采取防护措施，戴防护手套、穿防护鞋等，衣着要、轻便。

② 搬运重物之前，应检查物体上是否有钉、尖片等物，以免造成损伤。

③ 应用手掌紧握物体，不可只用手指抓住物体，以免脱落。

④ 靠近物体，将身体蹲下，用伸直双腿的力量，不要用背脊的力量，缓慢平稳地将物体搬起，不要突然猛举或扭转躯干，预防腰背损伤，如图 1-27 所示。

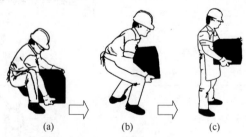

图 1-27　蹲下搬运货物的方法

⑤ 当传送重物时，应移动双脚而不是扭转腰部。当需要同时提起和传递重物时，应先将脚指向欲搬往的方向，然后才搬运。

⑥ 不要一下子将重物提至腰以上的高度，而应先将重物放于半腰高的工作台或适当的地方，纠正好手掌的位置，然后再搬起。

⑦ 搬运重物时，应特别小心工作台、斜坡、楼梯及一些易滑倒的地方，经过门口搬运重物时，应确保门的宽度，以防撞伤或擦伤手指。

⑧ 搬运重物时，重物的高度不要超过人的眼睛。

⑨ 当有两人或两人以上一起搬运重物时，应由一人指挥，以保证步伐统一及同时提起和放下物体，如图1-28所示。

⑩ 尽可能使用手推车之类的工具搬运工件及物品。当用手推车推物时，无论是推、拉，物体都要在人的前方。

(2) 防止损伤的措施

① 如果要把某重物从地面搬到一定高度，尽可能使用吊装设备。同时注意先捆绑好再搬，小物件要先装袋或装箱，然后再搬。

图1-28 两人一起搬运重物

② 长物件的搬运，即使不重，也要由两人来搬，免得伤及他人。

③ 登梯时不得手提物件，应该使用吊绳等。

④ 物品要抓紧握牢，防止滑落，造成损伤。

(3) 电动机的人力搬运

搬运电动机前，要准备好搬运的工器具，如滚杠、撬棍、绳索等。对于100kg以下的电动机，可用铁棒穿过电动机上部吊环，由人力搬运，也可用绳子拴住电动机的吊环和底座，用杠棒来搬运，如图1-29所示。不允许用绳子穿过电动机端盖抬电动机，也不允许用绳子套在转轴或皮带轮上搬运电动机。较大电动机可用滚杠来搬运，如图1-30所示。

(a) 绳子穿入吊环

(b) 打好绳结

(c) 穿入杠棒

图 1-29　人力抬电动机

图 1-30　人力用滚杠搬运电动机

友情提示

　　人力搬运不能承担的重物和在比较特殊的区域作业时，必须利用机械进行搬运。采用先进适用的物料搬运机械，可减轻劳动强度、减少产品损伤、保护工人健康、提高劳动生产率和产品质量、降低生产成本。

　　常用的搬运机械有葫芦、滑车、千斤顶、桅杆和起重机。

1.3　电气预埋件与固定件安装

1.3.1　预埋铁件

　　预埋铁件是在混凝土或砖结构内，预先埋设带有弯钩的圆形钢或有开叉的角钢。预埋铁件由土建施工单位按图纸制作，一般要求

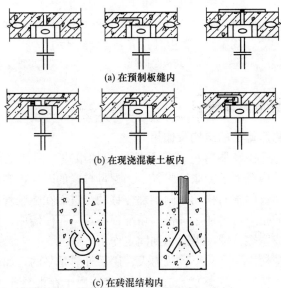

(a) 在预制板缝内

(b) 在现浇混凝土板内

(c) 在砖混结构内

图 1-31　预埋铁件示意图

电工配合指导并验收。通用预埋铁件的示意图如图 1-31 所示，常用吊钩、吊挂螺栓预埋方法如图 1-32 所示。

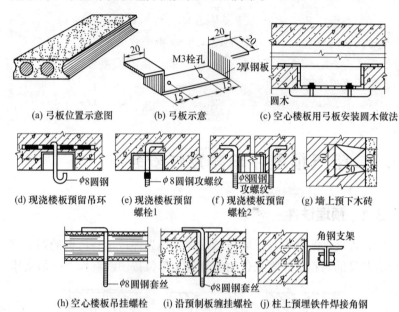

(a) 弓板位置示意图　(b) 弓板示意　(c) 空心楼板用弓板安装圆木做法

(d) 现浇楼板预留吊环　(e) 现浇楼板预留螺栓1　(f) 现浇楼板预留螺栓2　(g) 墙上预下木砖

(h) 空心楼板吊挂螺栓　(i) 沿预制板缠挂螺栓　(j) 柱上预埋铁件焊接角钢

图 1-32　常用吊钩、吊挂螺栓预埋方法

注：1. 大型灯具的吊装结构应经结构专业核算。2. 较重灯具不能用塑料线承重吊挂

1.3.2　锚固膨胀螺钉

(1) 膨胀螺栓的结构及作用

膨胀螺栓由膨胀螺栓套管及螺栓两件组成，螺杆尾部为圆锥状，圆锥的内径大于膨胀管内径。当螺母拧紧的时候，螺杆向外移动，通过螺纹的轴向移动使圆锥部分移动，进而在膨胀管的外周面形成很大的正压力，加之圆锥的角度很小，从而使墙体、膨胀管及圆锥间形成摩擦自锁，进而达到固定作用。

膨胀螺栓由于钻孔小、拉力大、用后外露是平的，如不用可随意拆除，保持墙面平整优点显著，广泛适用于在混凝土及砖砌体墙、地基上作锚固体。常用膨胀螺栓的外形如图 1-33 所示。

（2）膨胀螺栓的锚固方法

① 先用冲击电钻在预定位置钻孔，孔径大小与膨胀管直径相同，孔深略长于膨胀管。

② 打好孔后先清理孔内粉末，然后将膨胀螺栓轻轻打入，再用扳手拧紧即可。膨胀螺栓的锚固方法如图1-34所示。

图1-33 常用膨胀螺栓的外形

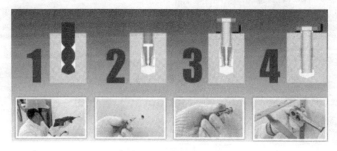

图1-34 膨胀螺栓的锚固方法

 友情提示

用膨胀螺栓紧固电气设备，其规格要与设备荷载相适应。3kg以上的吊灯、吊扇，必须采用预埋铁件的方法固定。膨胀螺栓的规格见表1-2。

表1-2 膨胀螺栓的规格与钻孔尺寸

| 型号 | d /mm | L /mm | C /mm | B /mm | D /mm | 质量 /kg | 拉力/N | | | 钻孔/mm | |
							150混凝土	砌体砌缝	75红砖	直径	深度
QJ-PS6	M6	65	20	55	$\phi10$	0.038	4000	3000	3000	10.5	40
QJ-PS8	M8	75	25	55	$\phi12$	0.078	5000	4500	4000	12.5	50
QJ-PSC10	M8	105	55	55	$\phi12$	0.128	5000	4500	4000	12.5	50
QJ-PS10	M10	85	30	55	$\phi16.5$	0.136	7000	6500	5000	14.5	60
QJ-PSC10	M10	115	60	55	$\phi16.5$	0.186	7000	6500	5000	14.5	60
QJ-PS12	M12	95	35	65	$\phi20.5$	0.220	10000	8500	6000	19	70
QJ-PSC12	M12	125	65	65	$\phi20.5$	0.27	10000	8500	6000	19	70

1.3.3 锚固尼龙胀管

在家庭及类似场所，明灯具、配管支架和电源线保护管的固定，只需要用尼龙胀管，没有必要用金属膨胀螺栓。据测算，两只施工正确的尼龙胀管，可承受一个人的重量。常用的尼龙胀管有两种：直径 6mm、长度 30mm 和直径 8mm、长度 45mm，如图 1-35 所示。

图 1-35 尼龙胀管

尼龙胀管的锚固方法如图 1-36 所示。图中，A 为被固定件厚度，单位 mm；B 为尼龙胀管深入粉刷层的深度，当固定在一般灰浆粉刷层上时，$B=10$mm，直接固定在水泥墙体上时 $B=0$；L 为尼龙胀管长度，单位 mm。

锚固尼龙胀管施工顺序如下。

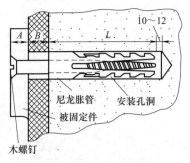

图 1-36 尼龙胀管的锚固方法

① 划线定位。为了使被固定的对象位置正确，必须根据被固定对象固定孔的位置划线定位，要做到横平竖直。注意：孔中心离墙、柱的边缘不宜小于 40mm。

② 钻孔钻头应和钻孔面保持垂直，且要一次完成，以防孔

径被扩大。选用钻头时，应根据墙、柱材料和使用的尼龙胀管规格决定钻孔直径，见表1-3。

表1-3 尼龙胀管钻孔直径选择表

墙柱材料	混凝土	加气混凝土	硅酸盐砌块
钻孔直径/mm	0.1～0.3	0.5～1.0	0.3～0.5

③ 将孔内灰渣清除，以保持钻孔深度。

④ 旋入木螺钉。

木螺钉的规格和长度必须选用正确。木螺钉过细、过短时，固定就不牢靠；木螺钉过粗、过长时，木螺钉就难以旋入。木螺钉的直径按表1-4选用。

表1-4 木螺钉直径选用表

胀管直径/mm	配用木螺钉直径	
	公制/mm	英制（号码）
6	3.5、4	6、7、8
8	4、4.5	8、9
10	4.5、5.5	9、10
12	5.5、6	12、14

按照上述方法施工的尼龙胀管允许抗拔拉力见表1-5。

表1-5 尼龙胀管在静止状态时允许抗拔拉力　　单位：N

尼龙胀管直径/mm	混凝土	加气混凝土	硅酸盐砌块
6	470	157	451
8	608	197	529
10	637	255	676
12	1646	490	1078

 友情提示

　　加气混凝土块是一种轻质、有封闭微孔的新型墙材。一般情况下，将粉煤灰或硅砂、矿渣加水磨成浆料，加入粉状石灰、石膏和发泡剂，经搅拌注入模框内，静养发泡固化后，切割成各种规格砌块或板材，经高温高压蒸气养护形成轻质的混凝土制品。加气混凝土块具有保温、防潮、重量轻等优点。

1.4 瓷绝缘子与导线绑扎

1.4.1 常用瓷绝缘子

由于绝缘子应具有足够的电气绝缘强度和耐潮湿性能，室外低压架空线路和负荷较大而又比较潮湿的室内场所，常常采用瓷绝缘子（俗称瓷瓶）作为线路中导线的支撑点。常用的瓷绝缘子一般有鼓形、碟形、针式和悬式 4 种，如图 1-37 所示。

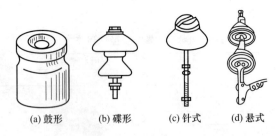

(a) 鼓形　　(b) 碟形　　(c) 针式　　(d) 悬式

图 1-37　常用瓷绝缘子

1.4.2 瓷瓶的固定方法

安装瓷瓶的步骤主要包括定位、划线、打孔、安装木榫或预埋铁件、埋设穿墙瓷管或过楼板钢管、瓷瓶固定等。这几个步骤的相关知识见前面的介绍，下面主要介绍瓷绝缘子的固定方法。

瓷绝缘子的固定方法有在木结构上、在砖墙上和在混凝土墙上固定三种，可根据实际情况选用，如图 1-38 所示。

① 在木结构上只能固定鼓形瓷绝缘子，可用木螺钉直接拧入。

② 在砖墙上固定瓷绝缘子，可利用预埋的木榫和木螺钉来固定鼓形瓷绝缘子，或用预埋的支架和螺钉来固定鼓形瓷绝缘子、蝶形瓷绝缘子和针式瓷绝缘子等，也可采用缠有铁丝的木螺钉和膨胀螺栓来固定鼓形瓷绝缘子。

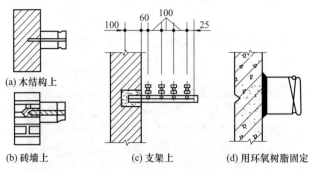

(a) 木结构上

(b) 砖墙上　　　　　(c) 支架上　　　　(d) 用环氧树脂固定

图 1-38　瓷绝缘子的固定方法

③ 在混凝土墙上，可用缠有铁丝的木螺钉和膨胀螺栓来固定鼓形瓷绝缘子，或用预埋的支架和螺栓来固定鼓形瓷绝缘子、蝶形瓷绝缘子或针式瓷绝缘子，也可用环氧树脂黏结剂来固定瓷绝缘子，如图 1-38（d）所示。

1.4.3　导线在瓷绝缘子上的绑扎

在瓷绝缘子上敷设导线，应从一端开始，只将一端的导线绑扎在瓷绝缘子的颈部，如果导线弯曲，应事先校直，然后将导线的另一端收紧绑扎固定，最后把中间导线也绑扎固定。导线在瓷绝缘子上绑扎固定的操作要点如下。

(1) 绝缘子终端绑扎

终端导线的绑扎如图 1-39 所示。导线的终端可用回头线绑扎，绑扎线宜用绝缘线，绑扎线径和绑扎圈数见表 1-6。

表 1-6　绑扎线的线径和绑扎圈数

导线截面积 /mm²	绑扎线径/mm			绑扎圈数	
	纱包铁芯线	铜芯线	铝芯线	公圈数	单圈数
1.5～10	0.8	1.0	2.0	10	5
10～35	0.89	1.4	2.0	12	5
50～70	1.2	2.0	2.6	16	5
95～120	1.24	2.6	3.0	20	5

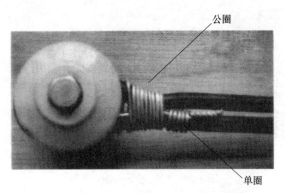

公圈

单圈

图 1-39　终端导线绑扎法

（2）瓷绝缘子侧扎

鼓形和蝶形瓷绝缘子的直线段导线一般采用单绑法或双绑法两种，截面积在 $6mm^2$ 及以下的导线可采用单绑法，截面积为 $10mm^2$ 及以上的导线须采用双绑法。其绑扎方法如图 1-40 所示。

(a) 直线导线的单绑法

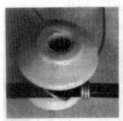  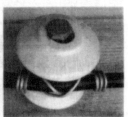

(b) 直线导线的双绑法

图 1-40　瓷绝缘子的侧扎

友情提示

① 在建筑物的侧面或斜面配线时，必须将导线绑扎在瓷绝缘子的上方，如图 1-41 所示。

② 导线在同一平面内，如有曲折时，瓷绝缘子必须装设在导线曲折角的内侧，如图 1-42 所示。

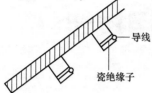

图 1-41　瓷瓶在侧面或斜面的绑扎

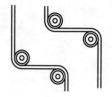

图 1-42　瓷瓶在同一平面的转弯做法

③ 导线在不同的平面上曲折时，在凸角的两面上应装设两个瓷绝缘子，如图 1-43 所示。

④ 导线分支时，必须在分支点处设置瓷绝缘子，用以支持导线，导线互相交叉时，应在距建筑物近的导线上套瓷管保护如图 1-44 所示。

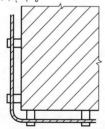

图 1-43　瓷瓶在不同平面的转弯做法

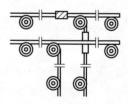

图 1-44　瓷瓶分支做法

⑤ 平行的两根导线，应放在两瓷绝缘子的同一侧或在两瓷绝缘子的外侧，不能放在两瓷绝缘子的内侧。

⑥ 瓷绝缘子沿墙壁垂直排列敷设时，导线弛度不得大于 5mm，沿层架或水平支架敷设时，导线弛度不得大于 10mm。

第2章
工具仪表使用技能

2.1 电工工具使用技能

电工工具的正确使用，是电工技能的基础。正确使用工具不但能提高工作效率和施工质量，而且能减轻疲劳、保证操作安全及延长工具的使用寿命。因此，电工必须十分重视工具的合理选择与正确的使用方法。

2.1.1 常用电工工具的使用

最常用电工工具包括试电笔、电工刀、螺丝刀（螺钉旋具）、钢丝钳、斜口钳、剥线钳、尖嘴钳等，电工日常操作，都离不开这些工具的使用。常用的电工工具一般是装在工具包或工具箱中（如图 2-1 所示），随身携带。

图 2-1　电工随身携带的工具包

（1）电工最常用工具的用途与使用注意事项（表 2-1）

表 2-1 常用电工工具的用途及使用注意事项

名称	图　示	用途及规格	使用及注意事项
试电笔		用来测试导线、开关、插座等电器及电气设备是否带电的工具	使用时，用手指握住验电笔身，食指触及笔身的金属体(尾部)，验电笔的小窗口朝向自己的眼睛，以便于观察。试电笔测电压的范围为 60～500V，严禁测高压电。 目前广泛使用电子(数字)试电笔。电子试电笔使用方法同发光管式试电笔。读数时最高显示数为被测值
钢丝钳		用来钳夹、剪切电工器材(如导线)的常用工具，规格有 150mm、175mm、200mm 三种，均带有橡胶绝缘导管，可适用于 500V 以下的带电作业	钢丝钳由钳头和钳柄两部分组成，钳头由钳口、齿口、刀口和铡口四部分组成。钳口用来弯曲或钳夹导线头；齿口用来紧固或起松螺母；刀口用来剪切导线或剖削软导线绝缘层；铡口用来铡切电线线芯等较硬金属。 使用时注意：①钢丝钳不能当做敲打工具；②要注意保护好钳柄的绝缘管，以免碰伤而造成触电事故
尖嘴钳		尖嘴钳的钳头部分较细长，能在较狭小的地方工作，如灯座、开关内的线头固定等。常用规格有 130mm、160mm、180mm 三种	使用时的注意事项与钢丝钳基本相同，特别要注意保护钳头部分，钳夹物体不可过大，用力时切忌过猛
斜口钳		斜口钳又名断线钳，专用于剪断较粗的金属丝、线材及电线电缆等。常用规格有 130mm、160mm、180mm 和 200mm 四种	使用时的注意事项与钢丝钳的使用注意事项基本相同

续表

名称	图　　　示	用途及规格	使用及注意事项
螺丝刀（又称螺钉旋具）		用来旋紧或起松螺钉的工具，常见有一字形和十字形螺丝刀。规格有75mm、100mm、125mm、150mm几种	使用时注意：①根据螺钉大小及规格选用相应尺寸的螺丝刀，否则容易损坏螺钉与螺丝刀；②带电操作时不能使用穿芯螺丝刀；③螺丝刀不能当凿子用；④螺丝刀手柄要保持干燥清洁，以免带电操作时发生漏电
电工刀		在电工安装维修中用于切削导线的绝缘层、电缆绝缘、木槽板等，规格有大号、小号之分；大号刀片长112mm，小号刀片长88mm	刀口要朝外进行操作；削割电线包皮时，刀口要放平一点，以免割伤线芯；使用后要及时把刀身折入刀柄内，以免刀刃受损或危及人身、割破皮肤
剥线钳		用于剥除小直径导线绝缘层的专用工具，它的手柄是绝缘的，耐压强度为500V。其规格有140mm（适用于铝、铜线，直径为0.6mm、1.2mm和1.7mm）和160mm（适用于铝、铜线，直径为0.6mm、1.2mm、1.7mm和2.2mm）	将要剥除的绝缘长度用标尺定好后，即可把导线放入相应的刃口中（比导线直径稍大），用手将钳柄一握，导线的绝缘层即被割破而自动弹出。注意不同线径的导线要放在剥线钳不同直径的刃口上
活络扳手		电工用来拧紧或拆卸六角螺钉（母）、螺栓的工具，常用的活络扳手有150mm×20mm（6英寸），200mm×25mm（8英寸），250mm×30mm（10英寸）和300mm×36mm（12英寸）四种	使用时注意：①不能当锤子用；②要根据螺母、螺栓的大小选用相应规格的活络扳手；③活络扳手的开口调节应以既能夹住螺母又能方便地取下扳手、转换角度为宜
手锤		在安装或维修时用来锤击水泥钉或其他物件的专用工具。	手锤的握法有紧握和松握两种。挥锤的方法有腕挥、肘挥和臂挥三种。一般用右手握在木柄的尾部，锤击时应对准工件，用力要均匀，落锤点一定要准确

电工用钳种类多，不同用法要掌握。

绝缘手柄应完好，方便带电好操作。

电工刀柄不绝缘，不能带电去操作。

螺丝刀有两种类，规格一定要选对。

使用电笔来验电，握法错误易误判。

松紧螺栓用扳手，受力方向不能反。

手锤敲击各工件，一定瞄准落锤点。

友情提示

①使用验电笔前先要检查验电笔内部有无安全电阻，再检查验电笔是否损坏，有无进水或受潮等。

②使用验电笔应注意避光，以免光线太强影响观察氖泡是否发亮而引起误判。验电时，手指必须触及笔尾的金属体，否则带电体也会误判为非带电体。

③钢丝钳、尖嘴钳、剥线钳和螺丝刀等工具的绝缘手柄部分不得有损伤，在使用时手离金属部分的距离不得低于2cm。使用钢丝钳带电剪切导线时，不得用刀口同时剪切不同电位的两根线（如相线与零线、相线与相线等），以免发生短路事故。

④电工刀的手柄是不绝缘的，一般不允许在电气设备及线路带电的情况下使用电工刀割割电线、电缆包皮等。

⑤为了避免在使用螺丝刀时皮肤触及螺丝刀的金属杆，或者金属杆触及邻近带电体，可在金属杆上加套一段绝缘导管。作为电工，不应使用金属杆直通握柄顶部的螺丝刀。

(2) 常用电工工具维护与保养常识

使用电工工具时，最基本要求是安全、绝缘良好、活动部分

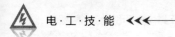

应灵活。基于这一基本要求，平时要做好对电工工具的维护和保养。

① 常用电工工具要保持清洁、干燥。

② 如果电工工具的绝缘套管有破碎，应及时更换，不得勉强使用。

③ 对钢丝钳、尖嘴钳、剥线钳等工具的活动部分要经常加油，防止生锈。

④ 电工刀使用完毕，要及时把刀身折入刀柄内，以免刀口受损或危及人身安全。

⑤ 手锤的木柄不能有松动，以免锤击时影响落锤点或锤头脱落。

2.1.2 常用电动工具的使用

(1) 常用电动工具使用方法

电工在从事安装作业时，常用的电动工具主要有手电钻、电锤和电动螺丝刀，其使用方法见表 2-2。

表 2-2 电工常用电动工具的使用

名称	图　　示	用　　途	使 用 说 明
手电钻		用于在工件上钻孔	在装钻头时要注意钻头与钻夹保持在同一轴线，以防钻头在转动时来回摆动。在使用过程中，钻头应垂直于被钻物体，用力要均匀，当钻头被被钻物体卡住时，应立即停止钻孔，检查钻头是否卡得过松，重新紧固钻头后再使用。钻头在钻金属孔过程中，若温度过高，很可能引起钻头退火，为此，钻孔时要适量加些润滑油

续表

名称	图　　示	用　　途	使用说明
电锤		在墙上冲打孔眼	电锤使用前应先通电空转一会儿,检查转动部分是否灵活,待检查电锤无故障时方能使用;工作时应先将钻头顶在工作面上,然后再启动开关,尽可能避免空打孔;在钻孔过程中,发现电锤不转时应立即松开开关,检查出原因后再启动电锤。用电锤在墙上钻孔时,应先了解墙内有无电源线,以免钻破电线发生触电。在混凝土中钻孔时,应注意避开钢筋
电动螺丝刀		用于拧紧和旋松螺钉	根据需要正确选择大小合适的起子头(一字形或十字形),操作时将螺钉刀拿直,起子头紧贴螺钉头缺口进行操作。注意不能有歪斜、晃动,否则螺钉会锁不紧、滑丝、打爆、螺钉头花等不良现象

记忆口诀

冲击钻头是专用,孔径大小应匹配。

手中工具要拿稳,对准位置再打孔。

电动工具勤保养,绝缘检查最重要。

(2) 常用电动工具使用注意事项

使用手电钻、电锤等手动电动工具时应注意以下几点。

① 使用前首先要检查电源线的绝缘是否良好,如果导线有破损,可用胶布包好。最好使用三芯橡胶软线,并将电动工具的外壳

接地。

② 检查电动工具的额定电压与电源电压是否一致，开关是否灵活可靠。

③ 电动工具接入电源后，要用电笔测试外壳是否带电，如不带电方能使用。操作过程中若需接触电动工具的金属外壳时，应戴绝缘手套，穿电工绝缘鞋，并站在绝缘板上。

④ 拆装钻头时要用专用钥匙，切勿用螺丝刀和手锤敲击电钻夹头。

⑤ 装钻头时要注意，钻头与钻夹应保持同一轴线，以防钻头在转动时来回摆动。

⑥ 在使用过程中，如果发现声音异常，应立即停止钻孔，如果因连续工作时间过长，电动工具发烫，要立即停止工作，让其自然冷却，切勿用水淋浇。

⑦ 钻孔完毕，应将导线绕在手动电动工具上，并放置在干燥处以备下次使用。

2.1.3 电工专用工具的使用

外线电工操作的专用工具主要有脚扣、蹬板、梯子、紧线器等，其使用方法及注意事项见表 2-3。

表 2-3 外线电工专用工具的使用

名称	图　　示	用　　途	使用及注意事项
脚扣		用于攀登电力杆塔	使用前，必须检查弧形扣环部分有无破裂、腐蚀，脚扣皮带有无损坏，若已损坏应立即修理或更换。不得用绳子或电线代替脚扣皮带。在登杆前，对脚扣要做人体冲击试验，同时应检查脚扣皮带是否牢固可靠

续表

名称	图 示	用 途	使用及注意事项
蹬板		用于攀登电力杆塔	使用前,应检查外观有无裂纹、腐蚀,并经人体冲击试验合格后再使用;登高作业动作要稳,操作姿势要正确,禁止随意从杆上向下扔蹬板;每年对蹬板绳子做一次静拉力试验,合格后方能使用
梯子		用于室内外登高作业	梯子有人字梯和直梯。使用方法比较简单,梯子要安稳,注意防滑;同时,梯子安放位置与带电体应保持足够的安全距离
腰带、保险绳、腰绳		是电工高空操作必备的安全保护辅助用具	腰带用来系挂保险绳。腰绳应结在臀部上端,而不是系在腰间。否则,操作时既不灵活又容易扭伤腰部。保险绳用来防止万一失足时坠地摔伤。其一端应可靠地系在腰带上,另一端用保险钩钩挂在牢固的横担或抱箍上。腰绳用来固定人体下部,以扩大上身活动幅度,使用时应将其系结在电杆的横担或抱箍下方,要防止腰绳窜出电杆顶端而造成工伤事故
紧线器		在架空线路中用来拉紧电线的工具	使用时,将镀锌钢丝绳绕于右端滑轮上,挂置于横担或其他固定部位,用另一端的夹头夹住电线,摇柄转动滑轮,使钢丝绳逐渐卷入轮内,电线被拉紧而收缩至适当的程度

名称	图示	用途	使用及注意事项
高压验电器		用于测试电压高于500V以上的电气设备	使用时,要戴上绝缘手套,手握部位不得超过保护环;逐渐靠近被测体,看氖管是否发光,若氖管一直不亮,则说明被测对象不带电;在使用高压验电器测试时,至少应该有一个人在现场监护
绝缘操作杆		主要用于操作高压隔离开关和跌落式熔断器的分合、安装,拆除临时接地线、放电操作、处理带电体上的异物,以及进行高压测量、试验、直接与带电体接触的操作等各项作	①在使用前应进行外观检查,表面应无裂纹、划痕、毛刺、孔洞、断裂及机械损伤,并用干净的棉布将操作杆擦拭干净。 ②使用时,必须戴上相应电压等级的绝缘手套,穿上相应电压等级的绝缘靴,必要时还要站在绝缘垫上进行操作,有时也可以戴上护目镜。 ③电压等级低的绝缘操作杆不能操作高一级电压的电器,但能操作低一级的。使用绝缘操作杆时应有专人监护。 ④绝缘操作杆用完后,应放置在便于取用的地方,并应注意防潮;应垂直存放,放在木架上或吊挂在室内,不能接触墙壁,以免受潮破坏绝缘。 ⑤雨雪天气操作室外高压电器时,绝缘杆上应装有防雨雪的伞形罩
弯管器		用于管路配线时将管路弯曲成型	弯管器由钢管手柄和铸铁弯头组成,其结构简单、体积小、操作方便,便于现场使用,适于手工弯曲直径在50mm及以下的线管,可将管子弯成各种角度。弯管时先将管子要弯曲部分的前缘送入弯管器工作部分,如果是焊管,应将焊缝置于弯曲方向的侧面,否则弯曲时容易造成从焊缝处裂口。然后操作者用脚踏住管子,手适当用力来扳动弯管器手柄,使管子稍有弯曲,再逐点移动弯头,每移动一个位置,扳弯一个弧度,最后将管子弯成所需要的形状

续表

名称	图　　示	用　　途	使用及注意事项
绝缘钳		用来安装和拆卸高压熔断器或执行其他类似工作的工具，主要用于35kV及以下电力系统	①绝缘钳适用于一人操作使用。 ②使用时，不能在绝缘钳上装设接地线，以免接地线在空中飞舞造成接地短路或人身触电事故。 ③在潮湿的雨雪天气情况下使用时，应使用专门的防雨绝缘钳。 ④操作中要佩戴护目镜、绝缘手套，穿绝缘靴或站在绝缘台上，集中精神；注意保持身体平衡，握紧绝缘夹，不能使夹持物滑脱降下。 ⑤绝缘钳使用完毕后，应保存在专用的箱子里或匣子里，以免受潮和碰损。 ⑥绝缘夹钳应定期进行试验，试验方法同绝缘棒，试验周期为一年
临时接地线		检修、试验时为了人身设备安全做的临时性接地装置	①在停电设备与可能送电至停电设备的带电设备之间，或者在可能产生感应电动势的停电设备上，都要装设接地线。接地线与带电部分的距离应符合安全距离的要求，防止因摆动发生带电部分与接地线放电的事故。 ②若检修设备为几个电气上不相连的部分（如分段母线以隔离开关或断路器分段），则各部分均应装接地线。 ③接地线应挂在工作人员看得见的地方，但不得挂设在工作人员的跟前，以防突然来电时烧伤工作人员

> ··········· 记 忆 口 诀 ···········
>
> 直梯登高要防滑，人字梯要防张开。
> 脚扣蹬板登电杆，手脚配合应协调。
> 紧线器，紧电线，慢慢收紧勿滑线。

2.1.4　焊接工具的使用

　　电工常用的焊接工具有电烙铁和喷灯，其使用方法及注意事项见表2-4。

表2-4　电工常用焊接工具的使用

名称	图　示	用　途	使用及注意事项
电烙铁		把电能转换成热能对焊接点部位进行加热焊接，一般用于电路元器件及线路接头焊接	电工常用的小功率和大功率外热式电烙铁。电烙铁手工焊接过程一般可分为5个步骤：准备焊接→加热被焊件→熔化焊料→移开焊锡丝→移开烙铁。 小功率电烙铁常用握笔法，大功率电烙铁常用反握法。电烙铁使用前要上锡，当烙铁头上有黑色氧化层时，可在吸水海绵上擦去氧化物，并立即上锡；电烙铁不宜长时间通电而不使用，这样容易使烙铁芯加速氧化而烧断，缩短其寿命，同时也会使烙铁头因长时间加热而氧化，甚至被"烧死"不再"吃锡"；电烙铁通电后不能任意敲击、拆卸及安装其电热部分零件

续表

名称	图　　示	用　　途	使用及注意事项
喷灯		一般用于电缆头封端制作	电工常用喷灯有汽油喷灯和煤油喷灯。 　在使用喷灯前,应仔细检查油桶是否漏油,喷嘴是否堵塞、漏气等。根据喷灯所规定使用的燃料油的种类,加注相应的燃料油,其油量不得超过油桶容量的3/4,加油后应拧紧加油处的螺塞。喷灯点火时,喷嘴前严禁站人,且工作场所不得有易燃物品。点火时,在点火碗内加入适量燃料油,用火点燃,待喷嘴烧热后,再慢慢打开进油阀;打气加压时,应先关闭进油阀。同时,注意火焰与带电体之间要保持一定的安全距离

记忆口诀

喷灯虽小温度高,能熔电缆的铅包。

电烙铁焊元器件,根据需要选规格。

2.2　电工仪表使用技能

2.2.1　万用表的使用

(1) 数字式万用表和指针式万用表性能比较

　　万用表又称为多用表,主要用来测量被测量电阻、交直流电压、直流电流。有的万用表还可以测量晶体管的主要参数以及电容器的电容量等。

万用表是最基本、最常用的电工仪表，主要有指针式万用表和数字式万用表两大类，如图 2-2 所示。指针式万用表是以表头为核心部件的多功能测量仪表，测量值由表头指针指示读取。数字式万用表的测量值由液晶显示屏直接以数字的形式显示，读取方便，有些还带有语音提示功能。数字式万用表和指针式万用表的性能比较见表 2-5。

表 2-5　数字式万用表和指针式万用表的性能比较

项　目	指针式万用表	数字式万用表
测量值显示线	表针的指向位置	液晶显示屏显示数字
读数情况	很直观、形象（读数值与指针摆动角度密切相关）	间隔 0.3s 左右数字有变化，读数不太方便
万用表内阻	内阻较小	内阻较大
使用与维护	结构简单，成本较低，功能较少，维护简单，过流过压力较强，损坏后维修容易	内部结构多采用集成电路，因此过载能力较差，损坏后一般不容易修复
输出电压	有 10.5V 和 12V 等，电流比较大，可以方便地测试可控硅、发光二极管等	输出电压较低（通常不超过1V），对于一些电压特性特殊的元件测试不便（如可控硅、发光二极管等）
量程	手动量程，挡位相对较少	量程多，很多数字式万用表具有自动量程功能
抗电磁干扰能力	差	强
测量范围	较小	较大
准确度	相对较低	高
对电池的依赖性	电阻量程必须要有表内电池	各个量程必须要有表内电池
重量	相对较重	相对轻
价格	价格差别不太大	

(2) 指针式万用表的使用

指针式万用表的外部结构主要由表头、转换开关（又称选择开关）、表笔插孔和表笔等部分组成。表笔就像万用表的两只手，它是表内电路与被测量物件连接的桥梁和纽带。使用时，应将表笔插入相应的插孔。

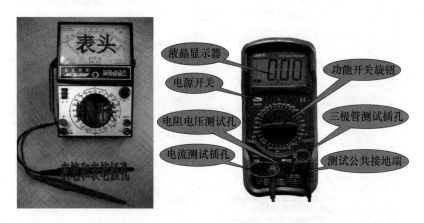

图 2-2　指针式万用表的外部结构

　　例如，MF47 型万用表共有 4 个表笔插孔。面板左下角是正、负表笔插孔。习惯上，将红表笔插入"＋"（正）插孔，黑表笔插入"COM"（负）插孔，如图 2-3 所示。这是大家约定俗成的规定。

　　面板右下角是交直流"2500V"和"5A"的红表笔专用插孔，当测量 2500V 交、直流电压时，红表笔插入"2500V"专用插孔；当测量 5A 直流电流时，红表笔插入"5A"专用插孔。

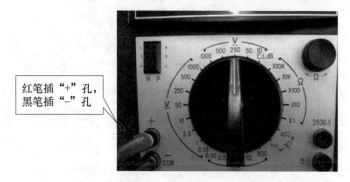

图 2-3　表笔的插接法

我们使用任何型号的万用表，都要遵守表笔插法的规定。

万用表表笔的插接法，可以总结为如下口诀。

操作口诀

红插正孔黑插负，任何情况黑不动。
若遇高压大电流，红笔移到专用孔。

1) 测量电阻

测量电阻必须使用万用表内部的直流电源。打开背面的电池盒

图2-4 安装电池

盖，右边是低压电池仓，装入一枚1.5V的2号电池；左边是高压电池仓，装入一枚15V的层叠电池，如图2-4所示。现在也有的厂家生产的MF47型万用表，$R \times 10\text{k}\Omega$挡使用的是9V层叠电池。

指针式万用表测量电阻的方法可以总结为如下口诀。

操作口诀

测量电阻选量程，两笔短路先调零。
旋钮到底仍有数，更换电池再调零。
断开电源再测量，接触一定要良好。
两手悬空测电阻，防止并联变精度。
要求数值很准确，表针最好在格中。
读数勿忘乘倍率，完毕挡位电压中。

测量电阻选量程——测量电阻时，首先要选择适当的量程。量程选择时，应力求使测量数值尽量在欧姆刻度线的0.1～10之间的位置，这样读数才准确。

一般测量100Ω以下的电阻可选"$R \times 1\Omega$"挡，测量100Ω～

1kΩ 的电阻可选 "$R×10Ω$"，测量 1～10kΩ 可选 "$R×100Ω$" 挡，测量 10～100kΩ 可选 "$R×1kΩ$"，测量 10kΩ 以上的电阻可选 "$R×10kΩ$" 挡。

两笔短路先调零——选择好适当的量程后，要对表针进行欧姆调零。注意，每次变换量程之后都要进行一次欧姆调零操作，如图 2-5 所示。欧姆调零时，操作时间应尽可能短。如果两支表笔长时间碰在一起，万用表内部的电池会过快消耗。

3.让指针准确指在零欧姆的位置

2.向左或向右调节欧姆零位调节旋钮

1.将红黑表笔短

图 2-5 欧姆调零的操作方法

旋钮到底仍有数，更换电池再调零——如果欧姆调零旋钮已经旋到底了，表针始终在 0Ω 线的左侧，不能指在 "0" 的位置上，说明万用表内的电池电压较低，不能满足要求，需要更换新电池后再进行上述调整。

断开电源再测量，接触一定要良好——如果是在路测量电阻器的电阻值，必须先断开电源再进行测量，否则有可能损坏万用表，如图 2-6 所示。换言之，不能带电测量电阻。在测量时，一定要保证表笔接触良好（用万用表测量电路其他参数时，同样要求表笔接触良好）。

两手悬空测电阻，防止并联变精度——测量时，两只手不能同时接触电阻器的两个引脚。因为两只手同时接触电阻器的两个引脚，等于在被测电阻器的两端并联了一个电阻（人体电阻），所以将会使得到的测量值小于被测电阻的实际值，影响测量的精确度。

要求数值很准确，表针最好在格中——量程选择要合适，若太大，不便于读数；若太小，无法测量。只有表针在标度尺的中间部

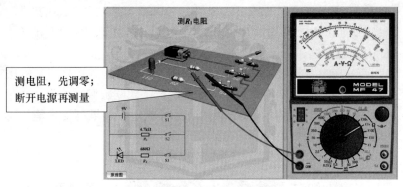

图 2-6　电阻测量应断开电源

位时，读数最准确。

读数勿忘乘倍率——读数乘以倍率（所选择挡位，如 $R \times$ 10Ω、$R \times 100\Omega$ 等），就是该电阻的实际电阻值。例如选用 $R \times$ 100Ω 挡测量，指针指示为 40，则被测电阻值为：

$$40 \times 100\Omega = 4000\Omega = 4k\Omega$$

完毕挡位电压中——测量工作完毕后，要将量程选择开关置于交流电压最高挡位，即交流 1000V 挡位。

2）测量交流电压

测量 1000V 以下交流电压时，挡位选择开关置所需的交流电压挡。测量 $1000 \sim 2500V$ 的交流电压时，将挡位选择开关置于"交流 1000V"挡，正表笔插入"交直流 2500V"专用插孔。

指针式万用表测量交流电压的方法及注意事项可归纳以下口诀。

> **操作口诀**
>
> 量程开关选交流，挡位大小合要求。
> 确保安全防触电，表笔绝缘尤重要。
> 表笔并联路两端，相接不分火或零。
> 测出电压有效值，测量高压要换孔。
> 表笔前端莫去碰，勿忘换挡先断电。

量程开关选交流，挡位大小合要求——测量交流电压，必须选择适当的交流电压量程。若误用电阻量程、电流量程或者其他量程，有可能损坏万用表。此时，一般情况是内部的保险管损坏，可用同规格的保险管更换。

确保安全防触电，表笔绝缘尤重要——测量交流电压必须注意安全，这是该口诀的核心内容。因为测量交流电压时人体与带电体的距离比较近，所以特别要注意安全，如图2-7所示。如果表笔有破损、表笔引线有破碎露铜等，应该完全处理好后才能使用。

电压较高，要注意安全！

图2-7　测量交流电压

表笔并联路两端，相接不分火或零——测量交流电压与测量直流电压的接线方式相同，即万用表与被测量电路并联，但测量交流电压不用考虑哪个表笔接火线，哪个表笔接零线的问题。

测出电压有效值，测量高压要换孔——用万用表测得的电压值是交流电的有效值。如果需要测量高于1000V的交流电压，要把红表笔插入2500V插孔。不过，在实际工作中一般不容易遇到这种情况。

3）测量直流电压

测量1000V以下直流电压时，挡位选择开关置于所需的直流电压挡。测量1000~2500V的直流电压时，将挡位选择开关置于"直流1000V"挡，正表笔插入"交直流2500V"专用插孔。

指针式万用表测量直流电压的方法及注意事项可归纳为如下口诀。

············ **操作口诀** ············

确定电路正负极，挡位量程先选好。

红笔要接高电位，黑笔接在低位端。

表笔并接路两端，若是表针反向转，

接线正负反极性，换挡之前请断电。

确定电路正负极，挡位量程先选好——用万用表测量直流电压之前，必须分清电路的正负极（或高电位端、低电位端），注意选择好适当的量程挡位。

电压挡位合适量程的标准是：表针尽量指在满偏刻度的 2/3 以上的位置（这与电阻挡合适倍率标准有所不同，一定要注意）。

红笔要接高电位，黑笔接在低位端——测量直流电压时，红笔要接高电位端（或电源正极），黑笔接在低位端（或电源负极），如图 2-8 所示。

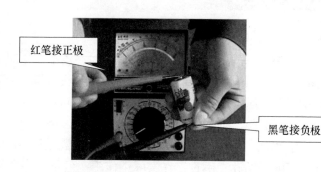

红笔接正极

黑笔接负极

图 2-8 测量直流电压

表笔并接路两端，若是表针反向转，接线正负反极性——测量直流电压时，两只表笔并联接入电路（或电源）两端。如果表针反向偏转，俗称打表，说明正负极性搞错了，此时应交换红、黑表笔再进行测量。

换挡之前请断电——在测量过程中，如果需要变换挡位，一定要取下表笔，断电后再变换电压挡位。

4）测量直流电流

一般来说，指针式万用表只有直流电流测量功能，不能直接用指针式万用表测量交流电流。

MF47 型万用表测量 500mA 以下直流电流时，将挡位选择开关置所需的"mA"挡。测量 500mA～5A 的直流电流时，将挡位选择开关置于"500mA"挡，正表笔插入"5A"插孔。

指针式万用表测量直流电流的方法及注意事项看归纳为以下口诀。

·················· 操作口诀 ··················

量程开关拨电流，确定电路正负极。
红色表笔接正极，黑色表笔要接负。
表笔串接电路中，高低电位要正确。
挡位由大换到小，换好量程再测量。
若是表针反向转，接线正负反极性。

量程开关拨电流，确定电路正负极——指针式万用表都具有测量直流电流的功能，但一般不具备测量交流电流的功能。在测量电路的直流电流之前，需要首先确定电路正、负极性。

红色表笔接正极，黑色表笔要接负——这是正确使用表笔的问题，测量时，红色表笔接电源正极，黑色表笔接电源的负极，如图 2-9 所示为测量电池电流的方法。

表笔串接电路中，高低电位要正确——测量前，应将被测量电路断开，再把万用表串联接入被测电路中，红表笔接电路的高电位端（或电源的正极），黑表笔接电路的低电位端（或电源的负极），这与测量直流电压时表笔的连接方法完全相同。

万用表置于直流电流挡时，相当于直流表，内阻会很小。如果误将万用表与负载并联，就会造成短路，烧坏万用表。

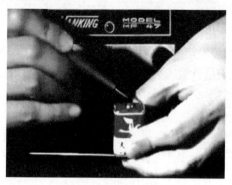

图 2-9　测量电池电流

挡位由大换到小，换好量程再测量——在测量电流之前，可先估计一下电路电流的大小，若不能大致估计电路电流的大小，最好的方法是挡位由大换到小。

若是表针反向转，接线正负反极性——在测量时，若是表针反向偏转，说明正负极性接反了，应立即交换红、黑表笔的接入位置。

（3）指针式万用表使用注意事项

① 使用万用表时，注意不要用手触及测试笔的金属部分，以保证安全和测量的准确度。

② 在测量较高电压或大电流时，不能带电转动转换开关，否则有可能使开关烧坏。

③ 不能带电测量电阻，因为欧姆挡是由干电池供电的，被测电阻不允许带电，以免损坏表头。

④ 万用表在用完后，应将转换开关转到"空挡"或"OFF"挡。若表盘上没有上述两挡时，可将转换开关转到交流电压最高量限挡，以防下次测量时因疏忽而损坏万用表。

⑤ 在每次使用前，必须全面检查万用表的转换开关及量限开关的位置，确定没有问题后再进行测量。

（4）数字万用表的使用

1）测量电阻

① 将黑表笔插入 COM 插孔，红表笔插入 V/Ω 插孔。

② 根据待测电阻标称值（可从电阻器的色环上观察）选择量程，所选择的量程应比电阻器的标称值稍微大一点。

③ 将数字万用表表笔与被测电阻并联，从显示屏上直接读取测量结果。如图 2-10 所示测量标称阻值是 12kΩ 的电阻器，实际测得其电阻值为 11.97kΩ。

> 直接按所选量程及单位读数，这与使用指针式万用表测量电阻时读数方法是不同的

图 2-10　测量电阻

2）测量直流电压

① 黑表笔插入 COM 插孔，红表笔插入 V/Ω 插孔。

② 将功能开关置于直流电压挡"DCV"或"V⋯"合适量程。

③ 两支表笔与被测电路并联（一般情况下，红表笔接电源正极，黑表笔接电源负极），即可测得直流电压值。如果表笔极性接反，在显示电压读数时，显示屏上用"－"号指示出红表笔的极性。如图 2-11 所示显示"－3.78"，表明此次测量电压值为 3.78V，负号表示红表笔接的是电源负极。

3）测量交流电压

① 黑表笔插入 COM 插孔，红表笔插入 V/Ω 插孔。

② 将功能开关置于交流电压挡"ACV"或"V～"的合适量程。

③ 测量时表笔与被测电路并联，表笔不分极性。直接从显示屏上读数，如图 2-12 所示。

4）测量电流

"－"号表示红表笔与电源负极连接

表笔可以不分极性

图 2-11　测量直流电压

手不能与表笔的金属部分接触，以免触电

测量220V交流电压，量程选择为700V挡

图 2-12　测量交流电压

① 将黑表笔插入 COM 插孔，当被测电流在 200mA 以下时，红表笔插入"mA"插孔，当测量 0.2～20A 的电流时，红表笔插入"20A"插孔。

② 转换开关置于直流电流挡"ACA"或"A－"的合适量程。

③ 测量时必须先断开电路，将表笔串联接入到被测电路中，如图 2-13 所示。显示屏在显示电流值时，同时会指示出红表笔的极性。

（5）使用数字万用表的注意事项

① 如果无法预先估计被测电压或电流的大小，则应先拨至最高量程挡测量一次，再视情况逐渐把量程减小到合适位置。测量完毕，应将量程开关拨到最高电压挡，并关闭电源。

② 测量时，仪表仅在最高位显示数字"1"，其他位均消失，说明已满量程，这时应选择更高的量程。

选择量程为 20mA 时，显示读数为 0.82mA

选择量程为 2mA 时，显示读数为 0.822mA

图 2-13　测量电流

③ 禁止在测量高电压（220V 以上）或大电流（0.5A 以上）时换量程，以防止产生电弧，烧毁开关触点。

④ 当显示"BATT"或"LOWBAT"时，表示电池电压低于工作电压，应更换新电池。

2.2.2　钳形电流表的使用

钳形电流表是一种不需要中断负载运行（不断开载流导线）即可测量低压线路上的交流电流大小的携带式仪表，它的最大特点是无需断开被测电路，就能够实现对被测导体中电流的测量，所以特别适合于不便于断开线路或不允许停电的测量场合。

（1）使用前的检查

① 重点检查钳口上的绝缘材料（橡胶或塑料）有无脱落、破裂等现象，包括表头玻璃罩在内的整个外壳的完好与否，这些都直接关系着测量安全并涉及仪表的性能问题。

② 检查钳口的开合情况，要求钳口开合自如（如图 2-14 所示），钳口两个结合面应保证接触良好，如钳口上有油污和杂物，应用汽油擦干净；如有锈迹，应轻轻擦去。

图 2-14　检查钳口开合情况

③ 检查零点是否正确，若表针不在零点时可通过调节机构调准。

④ 多用型钳形电流表还应检查测试线和表笔有无损坏，要求导电良好、绝缘完好。

⑤ 数字式钳形电流表还应检查表内电池的电量是否充足，不足时必须更新。

（2）使用方法

① 在测量前，应根据负载电流的大小先估计被测电流数值，选择合适量程，或先选用较大量程的电流表进行测量，然后再据被测电流的大小减小量程，使读数超过刻度的 1/2，以获得较准的读数。

② 在进行测量时，用手捏紧扳手使钳口张开，将被测载流导线的位置应放在钳口中心位置，以减少测量误差，如图 2-15 所示。然后，松开扳手，使钳口（铁芯）闭合，表头即有指示。注意，不可以将多相导线都夹入钳口测量。

③ 测量 5A 以下的电流时，如果钳形电流表的量程较大，在条件许可时，可把导线在钳口上多绕几圈（如图 2-16 所示），然后测量并读数。线路中的实际电流值为读数除以穿过钳口内侧的导线匝数。

图 2-15　载流导线放在钳口中心位置

图 2-16　测量 5A 以下电流的方法

④ 在判别三相电流是否平衡时，若条件允许，可将被测三相电路的三根相线同方向同时放入钳口中，若钳形电流表的读数为

零，则表明三相负载平衡；若钳形电流表的读数不为零，说明三相负载不平衡。

(3) 钳形电流表使用注意事项

① 某些型号的钳形电流表附有交流电压刻度，测量电流、电压时，应分别进行，不能同时测量。

② 钳型表钳口在测量时闭合要紧密，闭合后如有杂音，可打开钳口重合一次。若杂音仍不能消除时，应检查磁路上各接合面是否光洁，有尘污时要擦拭干净。

③ 被测电路电压不能超过钳形表上所标明的数值，否则容易造成接地事故，或者引起触电危险。

④ 在测量现场，各种器材均应井然有序，测量人员应戴绝缘手套，穿绝缘鞋。身体的各部分与带电体之间至少不得小于安全距离（低压系统安全距离为 0.1~0.3m）。读数时，往往会不由自主地低头或探腰，这时要特别注意肢体，尤其是头部与带电部分之间的安全距离。

⑤ 测量回路电流时，应选有绝缘层的导线上进行测量，同时要与其他带电部分保持安全距离，防止相间短路事故发生。测量中禁止更换电流挡位。

⑥ 测量低压熔断器或水平排列的低压母线电流时，应将熔断器或母线用绝缘材料加以相间隔离，以免引起短路。同时应注意不得触及其他带电部分。

⑦ 对于数字式钳形电流表，尽管在使用前曾检查过电池的电量，但在测量过程中，也应当随时关注电池的电量情况，若发现电池电压不足（如出现低电压提示符号），必须在更换电池后再继续测量。能否正确地读取测量数据，直接关系到测量的准确性。如果测量现场存在电磁干扰，就必然会干扰测量的正常进行，故应设法排除干扰。

⑧ 对于指针式钳形电流表，首先应认准所选择的挡位，其次认准所使用的是哪条刻度尺。观察表针所指的刻度值时，眼睛要正对表针和刻度以避免斜视，减小视差。数字式表头的显示虽然比较

直观，但液晶屏的有效视角是很有限的，眼睛过于偏斜时很容易读错数字，还应当注意小数点及其所在的位置，这一点千万不能被忽视。

⑨ 测量完毕，一定要把调节开关放在最大电流量程位置，以免下次使用时，不小心造成仪表损坏。

钳形电流表的基本使用方法及注意事项可归纳为如下口诀。

······ 操作口诀 ······

不断电路测电流，电流感知不用愁。

测流使用钳形表，方便快捷算一流。

钳口外观和绝缘，用清一定要检查。

钳口开合应自如，清除油污和杂物。

量程大小要适宜，钳表不能测高压。

如果测量小电流，导线缠绕钳口上。

带电测量要细心，安全距离不得小。

2.2.3 兆欧表的使用

兆欧表主要用来检查电气设备、家用电器或电气线路对地及相间的绝缘电阻，以保证这些设备、电器和线路工作在正常状态，避免发生触电伤亡及设备损坏等事故。

(1) 兆欧表的使用方法

① 将被测设备脱离电源，并进行放电，再把设备清扫干净（双回线、双母线，当一路带电时，不得测量另一路的绝缘电阻）。

② 测量前应对兆欧表进行校验，即做一次开路试验（测量线开路，摇动手柄，指针应指于"∞"处）和一次短路试验（测量线直接短接一下，摇动手柄，指针应指"0"），两测量线不准相互缠交，如图 2-17 所示。

③ 正确接线。一般兆欧表上有三个接线柱，一个为线接线柱

 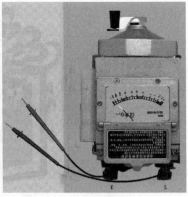

(a) 短路试验   (b) 开路试验

图 2-17　兆欧表校验

的标号为"L"，一个为地接线柱的标号为"E"，另一个为保护或屏蔽接线柱的标号为"G"。在测量时，"L"与被测设备和大地绝缘的导体部分相接，"E"与被测设备的外壳或其他导体部分相接。一般在测量时只用"L"和"E"两个接线柱，但当被测设备表面漏电严重、对测量结果影响较大而又不易消除时，例如空气太潮湿、绝缘材料的表面受到浸蚀而又不能擦干净时就必须连接"G"端钮，如图 2-18 所示。同时在接线时还须注意不能使用双股线，应使用绝缘良好且不同颜色的单根导线，尤其对于连接"L"接线柱的导线必须具有良好绝缘。

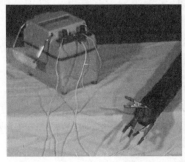 

图 2-18　兆欧表接线示例

图 2-19　摇动发电机摇柄的方法

④ 在测量时，兆欧表必须放平。如图 2-18 所示左手按住表身，右手摇动兆欧表摇柄，以 120r/min 的恒定速度转动手柄，使表指针逐渐上升，直到出现稳定值后，再读取绝缘电阻值（严禁在有人工作的设备上进行测量）。

⑤ 对于电容量大的设备，在测量完毕后，必须将被测设备进行对地放电（兆欧表没停止转动时及放电设备切勿用手触及）。

（2）兆欧表使用注意事项

兆欧表本身工作时要产生高电压，为避免人身及设备事故，必须重视以下几点注意事项。

① 不能在设备带电的情况下测量其绝缘电阻。测量前被测设备必须切断电源和负载，并进行放电；已用兆欧表测量过的设备如要再次测量，也必须先接地放电。

② 兆欧表测量时要远离大电流导体和外磁场。

③ 与被测设备的连接导线，要用兆欧表专用测量线或选用绝缘强度高的两根单芯多股软线，两根导线切忌绞在一起，以免影响测量准确度。

④ 测量过程中，如果指针指向"0"位，表示被测设备短路，应立即停止转动手柄。

⑤ 被测设备中如有半导体器件，应先将其插件板拆去。

⑥ 测量过程中不得触及设备的测量部分，以防触电。

⑦ 测量电容性设备的绝缘电阻时，测量完毕，应对设备充分放电。

⑧ 测量过程中手或身体的其他部位不得触及设备的测量部分

或兆欧表接线桩，即操作者应与被测量设备保持一定的安全距离，以防触电，如图 2-20 所示。

⑨ 数字式兆欧表多采用 5 号电池或者 9V 电池供电，工作时所需供电电流较大，故在不使用时务必要关机，即便有自动关机功能的兆欧表，建议用完后就手动关机。

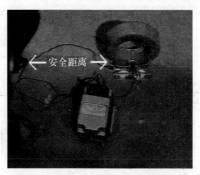

图 2-20　注意保持安全距离

⑩ 记录被测设备的温度和当时的天气情况，有利于分析设备的绝缘电阻是否正常。

第3章
高低压电器应用技能

在电工技术中，通常把接通和断开电路、或调节控制和保护电路、及电气设备用的电工器具统称为电器。根据工作电压的高低，电器可分为高压电器和低压电器。

3.1 常用高压电器应用技能

3.1.1 高压断路器

(1) 高压断路器的作用

高压断路器又称高压开关，在高压线路中具有控制和保护的双重作用。不仅可以切断或闭合高压电路中的空载电流和负荷电流，而且当系统发生故障时通过继电器保护装置的作用，自动切断过负荷电流和短路电流，它具有相当完善的灭弧结构和足够的断流能力。

(2) 高压断路器的种类

高压断路器的类型见表 3-1。

表 3-1　高压断路器的类型

分类方法	种　　类
按灭弧装置分	油断路器、真空断路器、六氟化硫断路器
按使用场合分	户内安装式断路器、户外安装式断路器、柱(杆)上断路器

① 油断路器采用绝缘油液作为散热灭弧的介质，又分多油断路器和少油断路器。户内一般使用少油断路器和柱（杆）上油断路器，如图 3-1 所示。

(a) 多油断路器　　　　　　(b) 少油断路器　　　　　　(c) 柱上油断路器

图 3-1　油断路器

② 真空断路器采用大型真空开关管来控制完成接通、分断的过程，适合于对频繁通断的大容量高压的电路控制。根据安装场合不同，真空断路器分为户内真空断路器和户外真空断路器两类，如图 3-2 所示。户内真空断路器又分固定式与手车式；以操作的方式

(a) 户内真空断路器　　　　　　　　　(b) 户外真空断路器

图 3-2　真空断路器

不同又区别为电动弹簧储能操作式、直流电磁操作式、永磁操作式等。

③ 六氟化硫断路器在用途上与油断路器、真空断路器相同。它的特点是分断、接通的过程在六氟化硫（SF_6，惰性气体）中完成。六氟化硫断路器的基本组件如图 3-3 所示，开关的旋转触头被封闭在其中，由侧面的操作机构进行通、断控制。

进线端

操作机

出线端

图 3-3　六氟化硫断路器的基本组件

(3) 高压断路器的选用

为了保证高压电器在正常运行、检修、短路和过电压情况下的安全，选用高压断路器要遵循以下原则。

① 按正常工作条件包括电压、电流、频率、机械荷载等选择高压断路器。

a. 额定电压应符合所在回路的系统标称电压，其允许最高工作电压 U_{max} 不应小于所在回路的最高运行电压 U_y，即 $U_{max} \geqslant U_y$。

b. 高压电器的额定电流 I_n 不应小于该回路在各种可能运行方式下的持续工作电流 I_g，即 $I_n \geqslant I_g$。

② 按短路条件包括短时耐受电流、峰值耐受电流、关合和开

断电流等选择高压断路器。

③ 按环境条件包括温度、湿度、海拔、地震等选择高压断路器。

④ 按承受过电压能力包括绝缘水平等选择高压断路器。

⑤ 按各类高压电器的不同特点包括开关的操作性能、熔断器的保护特性配合、互感器的负荷及准确等级等选择高压断路器。

（4）高压断路器的维护

① 清洁维护　高压油断路器的进、出线套管应定期清扫，保持清洁，以免漏电。

② 油箱及绝缘油检查

a. 经常检查油箱有无渗漏现象，有无变形；连接导线有无放电现象和异常过热现象。

b. 绝缘油必须保持干净，要经常注意表面的油色。如发现油色发黑，或出线胶质状，应更换新油。

c. 目测油位是否正常，当环境温度为20℃时，应保持在油位计的1/2处。

d. 定期做油样试验，每年做耐压试验一次和简化试验一次。

e. 在运行正常的情况下，一般3～4年更换一次新油。

f. 油断路器经过若干次（一般为4～5次）满容量跳闸后，必须进行解体维护。

③ 检查通断位置的指示灯泡是否良好；若发现红绿灯指示不良，应立即更换或维修。

········ **高压断路器记忆口诀** ········

高压断路器开关，控制保护能实现。

结构复杂种类多，广泛用于供配电。

灭弧装置较完善，操作维护较方便。

正常情况控电路，能够快速重合电。

故障情形断电路，特殊时通短路电。

友情提示

　　高压断路器不允许带负荷合闸（特殊情形例外）。因为手动速度慢，容易产生电弧，使触头烧坏。

3.1.2　高压隔离开关

(1) 高压隔离开关的作用

　　高压隔离开关用于在有电压无载荷情况下分断与闭合电路，起隔离电压的作用，以保证高压电器及装置在检修工作时的安全。其主要作用见表3-2。

表3-2　高压隔离开关的作用

序号	主要作用	说　明
1	隔离电压	在检修电气设备时，用隔离开关将被检修的设备与电源电压隔离，并形成明显可见的断开间隙，以确保检修的安全
2	倒闸	投入备用母线或旁路母线以及改变运行方式时，常用隔离开关配合断路器，协同操作来完成。例如：在双母线电路中，可用高压隔离开关将运行中的电路从一条母线切换到另一条母线上
3	分、合小电流	因隔离开关具有一定的分、合小电感电流和电容电流的能力，故一般可用来进行以下操作： ①分、合避雷器、电压互感器和空载母线； ②分、合励磁电流不超过2A的空载变压器； ③关合电流不超过5A的空载线路

 友情提示

　　由于高压隔离开关没有灭弧装置，断流能力差，所以不能带负荷操作，需与高压断路器配套使用。

　　在高压成套配电装置中，高压隔离开关作为作电压互感器、避雷器、配电所用变压器及计量柜的高压控制电器。

(2) 高压隔离开关的类型

　　① 按安装地点分，高压隔离开关可分为户内式和户外式，如图3-4所示。

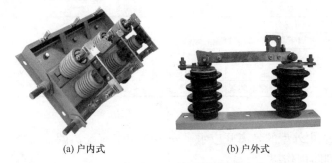

(a) 户内式   (b) 户外式

图 3-4　户内式和户外式高压隔离开关

② 按绝缘支柱数目分，高压隔离开关可分为单柱式、双柱式和三柱式。

③ 按极数分，高压隔离开关可分为单极和三极两种。

友情提示

户外式隔离开关常作为供电线路与用户分开的第一断路隔离开关；户内式往往与高压断路器串联连接，配套使用，以保证停电的可靠性。

室内配电，一般采用户内式三极的高压隔离开关。

(3) 高压隔离开关的选用

选择高压隔离开关除额定电压、电流、动热稳定校验外，还应看其种类和形式的，要根据配电装置特点和要求及技术经济条件来确定。高压隔离开关的选型见表3-3。

表 3-3　高压隔离开关的选型

使用场合		特　点	参考型号
屋内	屋内配电装置成套高压开关柜	三级，10kV 以下	GN2，GN6，GN8，GN19
	发电机回路，大电流回路	单极，大电流 3000～13000A	GN10
		三级，15kV，200～600A	GN11
		三级，10kV，大电流 2000～3000A	GN18，GN22，GN2
		单极，插入式结构，带封闭罩 20kV，大电流 10000～13000A	GN14

使用场合		特　　点	参考型号
屋外	220kV 及以下各型配电装置	双柱式,220kV 及以下	GW4
	高型、硬母线布置	V 形,35～110kV	GW5
	硬母线布置	单柱式,220～500kV	GW6
	20kV 及以上中型配电装置	三柱式,220～500kV	GW7

(4) 高压隔离开关的安装要求

① 户外型的隔离开应水平安装,使带有瓷裙的支持瓷瓶确实能起到防雨作用。

② 户内型隔离开关垂直安装时,静触头在上方,带有套管的可以倾斜一定角度安装。一般情况下,静触头接电源,动触头接负荷,但安装在受电柜里的隔离开关,采用电缆进线时,则电源在动触头侧,这种接法俗称"倒进火"。

③ 隔离开关的动静触头应对准,否则合闸时就会出现旁击现象,使合闸后动静触头接触面压力不均匀,造成接触不良。

④ 隔离开关的操作机构,传动机械应调整好,使分合闸操作能正常进行,没有抗劲现象。还要满足三相同期的要求,即分合闸时三相动触头同时动作,不同期的偏差应小于 3mm。

友情提示

处于合闸位置时,动触头要有足够的切入深度,以保证接触面积符合要求;但又不允许合过头,要求动触头距静触头底座有 3～5mm 的空隙,否则合闸过猛时将敲碎静触头的支持瓷瓶。处于拉开位置时,动静触头间要有足够的拉开距离,以便有效地隔离带电部分。

(5) 隔离开关的日常维护

① 运行时,随时巡视检查把手位置、辅助开关位置是否正确,如图 3-5 所示。

② 检查闭锁及联锁装置是否良好,接触部分是否可靠,如图 3-6 所示。

图 3-5　隔离开关的把手位置和辅助开关位置

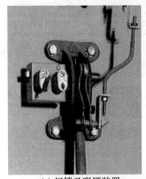

(a) 闭锁及联锁装置　　　　　　　　(b) 接触部分

图 3-6　检查闭锁、联锁装置和接触部分

③ 检查刀片和触头是否清洁。检查瓷瓶是否完好、清洁，操作时是否可靠及灵活，如图 3-7 所示。

(a) 刀片和触头　　　　　　　　(b) 瓷瓶

图 3-7　刀片、触头和瓷瓶的检查

·······高压隔离开关记忆口诀·······

高压隔离的开关，需要配套断路器。
为了防止误操作，联锁机构巧设计。
户外安装应水平，户内安装要垂直。
主要功能是隔离，倒闸分合小电流。
户内户外两形式，操作不能带负荷。
合闸操作要果断，分闸动作慢快慢。
如果发生误操作，冷静避免反方向。

3.1.3 高压负荷开关

(1) 高压负荷开关的作用

高压负荷开关是一种功能介于高压断路器和高压隔离开关之间的高压电器。高压负荷开关常与高压熔断器串联配合使用，用于控制电力变压器。

高压负荷开关主要用于10kV电流不太大的高压电路中带负荷分断、接通电路。在规定的使用条件下，高压负荷开关可以接通和断开一定容量的空载变压器（室内315kV·A，室外500kV·A）；可以接通和断开一定长度的空载架空线路（室内5km，室外10km）；可以接通和断开一定长度的空载电缆线路。

友情提示

① 高压负荷开关具有简单的灭弧装置和一定的分合闸速度，在额定电压和额定电流的条件下，能通断一定的负荷电流和过负荷电流。

② 高压负荷开关不能断开超过规定的短路电流，通常要与高压熔断器串联使用，借助熔断器来进行短路保护，这样可代替高压断路器。

③ 有明显的断开点，多用于固定式高压设备。

④ 高压负荷开关一般以手动方式操作。

(2) 高压负荷开关的类型及特点

高压负荷开关的种类较多，主要有固体产气式、压气式、压缩空气式、SF$_6$式、油浸式、真空式高压负荷开关6种，见表3-4。

表3-4　高压负荷开关的类型

种类	说　　明
固体产气式高压负荷开关	利用开断电弧本身的能量使弧室的产气材料产生气体来吹灭电弧，其结构较为简单，适用于35kV及以下的产品
压气式高压负荷开关	利用开断过程中活塞的压气吹灭电弧，其结构也较为简单，适用于35kV及以下产品
压缩空气式高压负荷开关	利用压缩空气吹灭电弧，能开断较大的电流，其结构较为复杂，适用于60kV及以上的产品
SF$_6$式高压负荷开关	利用SF$_6$气体灭弧，其开断电流大，开断性能好，但结构较为复杂，适用于35kV及以上产品
油浸式高压负荷开关	利用电弧本身能量使电弧周围的油分解气化并冷却熄灭电弧，其结构较为简单，但重量大，适用于35kV及以下的户外产品
真空式高压负荷开关	利用真空介质灭弧，电寿命长，相对价格较高，适用于220kV及以下的产品

在10kV供电线路中，目前较为流行的是产气式、压气式和真空式三种高压负荷开关，其结构特点见表3-5。在国家标准中，高压负荷开关被分为一般型和频繁型两种。产气式和压气式属于一般型，而真空式属于频繁型。

表3-5　三种高压负荷开关的结构特点

类型	结构特点	机械寿命
产气式	简单，有可见断口	2000次
压气式	较复杂，有见可见断口	2000次
真气式	复杂，无可见断口	10000次

常用高压负荷开关如图3-8所示。

(3) 高压负荷开关的选用

选用高压负荷开关，必须满足额定电压、额定电流、开断电流、极限电流及热稳定度五个条件。

高压负荷开关的选用原则是：从满足配电网安全运行的角度出发，在满足功能的条件下，应尽量选择结构简单、价格便宜，操作功率小的产品。换言之，能选用一般型就不选用频繁型；在一般型

(a) 产气式　　　　　　(b) 压气式　　　　　(c) 真空式

图 3-8　常用高压负荷开关

中，能用产气式而尽可能不用压气式。

（4）高压负荷开关使用

① 高压负荷开关应垂直安装，开关框架、合闸机构、电缆外皮、保护钢管均应可靠接地（不能串联接地）。

② 高压负荷开关运行前应进行数次空载分、合闸操作，各转动部分应无卡阻。合闸应到位，分闸后有足够的安全距离。

③ 与高压负荷开关串联使用的熔断器熔体应选配得当，即应使故障电流大于负荷开关的开断能力时保证熔体先熔断，然后高压负荷开关才能分闸。

④ 高压负荷开关合闸时应接触良好，连接部无过热现象。

⑤ 巡检时，应注意检查有无瓷瓶脏污、裂纹、掉瓷、闪烁放电现象；开关上不能用水冲（户内型）。

⑥ 一台高压柜控制一台变压器时，更换熔断器最好将该回路高压柜停运。

> ······ **高压负荷开关记忆口诀** ······
>
> 高压负荷开关件，手动方式来操作。
>
> 灭弧装置较简单，带载分接控电路。
>
> 串联高压熔断器，代替高压断路器。
>
> 常用开关有六种，五个条件来选用。

📢【知识窗】

高压断路器、高压隔离开关、高压负荷开关的区别

① 高压负荷开关是可以带负荷分断的，有自灭弧功能，但它的开断容量很小很有限。

② 高压隔离开关一般是不能能带负荷分断的，结构上没有灭弧罩，也有能分断负荷的隔离开关，只是结构上与负荷开关不同，相对来说简单一些。

③ 高压负荷开关和高压隔离开关，都可以形成明显断开点，大部分断路器不具隔离功能，也有少数断路器具隔离功能。

④ 高压隔离开关不具备保护功能，高压负荷开关的保护一般是加熔断器保护，只有速断和过流。

⑤ 高压断路器的开断容量可以在制造过程中做得很高。主要是依靠加电流互感器配合二次设备来保护。可具有短路保护、过载保护、漏电保护等功能。

3.1.4 高压熔断器

(1) 高压熔断器的作用

高压熔断器串联在被保护电路及设备中（例如：高压输电线路、电力变压器、电压互感器等电气设备），主要用来作为短路保护，有的也具有过负荷保护功能。

(2) 高压熔断器的类型

根据安装条件不同，高压熔断器可分为户外跌落式熔断器和户内管式熔断器。

① 户内管式高压熔断器属于固定式的高压熔断器，如图 3-9 所示。户内管式高压熔断器一般采用有填料的熔断管，通常为一次性使用。

② 户外跌落式高压熔断器主要作为电力线路和变压器的过负荷和短路保护，如图 3-10 所示。通常安装在电力变压器的高压进线一侧，它既是熔断器又可兼作变压器的检修隔离开关，如图3-10所示。

RN1 系列　　　　　　　　　　　　RXW0-35kV

图 3-9　户内管式高压熔断器

(3) 熔丝的选择

① 跌落式熔断器熔丝的选择，按"配电变压器内部或高、低压出线管发生短路时能迅速熔断"的原则来进行选择，熔丝的熔断时间必须小于或等于 0.1s。

② 配电变压器容量在 100kV·A 以下者，高压侧熔丝额定电流按变压器容量额定电流的 2～3 倍选择；容量在 100V·A 以上者，高压熔丝额定电流按变压器容量额定电流的 1.5～2 倍选择；变压器低压侧熔丝按低压侧额定电流选择。

图 3-10　户外跌落式高压熔断器的安装位置

 友情提示

　　跌落式熔断器使用专门的铜熔丝，在发生短路熔断后可更换。更换时，选用的熔丝应与原来的规格一致，如图 3-11 所示。

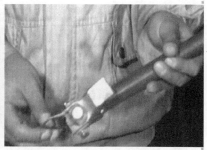

图 3-11　更换熔丝操作

（4）跌落式熔断器的运行维护

① 日常运行维护管理

a. 熔断器的每次操作须仔细认真，不可粗心大意，特别是合闸操作，必须使动、静触头接触良好。

b. 熔管内必须使用标准熔体，禁止用铜丝、铝丝代替熔体，更不准用铜丝、铝丝及铁丝将触头绑扎住使用。

c. 熔体熔断后应更换新的同规格熔体，不可将熔断后的熔体连接起来再装入熔管继续使用。

d. 应定期对熔断器进行巡视，每月不少于一次夜间巡视，查看有无放电火花和接触不良现象，有放电，会伴有"嘶嘶"的响声，要尽早安排处理。

② 停电检修时的检查

a. 静、动触头接触是否吻合，紧密完好，有否烧伤痕迹。

b. 熔断器转动部位是否灵活，有否锈蚀、转动不灵等异常，零部件是否损坏、弹簧有否锈蚀。

c. 熔体本身有否受到损伤，经长期通电后有无发热伸长过多变得松弛无力。

d. 熔管经多次动作管内产气用消弧管是否烧伤及日晒雨淋后是否损伤变形、长度是否缩短。

e. 清扫绝缘子并检查有无损伤、裂纹或放电痕迹，拆开上、下引线后，用2500V摇表测试绝缘电阻应大于300MΩ。

f. 检查熔断器上下连接引线有无松动、放电、过热现象。

3.1.5 高压避雷器

(1) 高压避雷器的作用

高压避雷器是一种能释放雷电或兼能释放电力系统操作过电压能量，保护电力设备免受瞬时过电压危害，又能截断续流，不致引起系统接地短路的电气装置，如图3-12所示。

高压避雷器用于电力系统过电压保护，具体来说有以下三个方面的作用。

① 限制暂时过电压（持续时间长）：例如单相接地、甩负荷、谐振等。

② 限制操作过电压：线路合闸及重合闸，断路器带合闸电阻、并联电抗器等。

③ 限制雷电过电压：感应雷过电压、雷击输电线路导线、雷

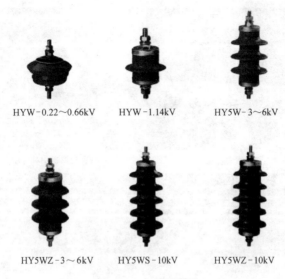

HYW-0.22~0.66kV   HYW-1.14kV   HY5W-3~6kV

HY5WZ-3~6kV   HY5WS-10kV   HY5WZ-10kV

图 3-12   高压避雷器

击避雷线或杆塔引起的反击。

(2) **配电变压器的高压避雷器**

配电变压器 10kV 侧应装设金属氧化物避雷器。越靠近变压器安装，保护效果越好，一般要求装设在跌落熔断器内侧，如图3-13所示。

避雷器的接地端点应直接接在配电变压器的金属外壳上。

(3) **变电所的高压避雷器**

变电所高压避雷器的电压等级为 10kV，可以安装在室内，也可以在线路进出处安装，还可以安装在开关柜上，大型变电所通常把高压避雷器安装在室外，如图3-14所示。

图 3-13   配电变压器的高压避雷器

(a) 室内安装　　　　　　　　　(b) 在线路进出处安装

(c) 安装在开关柜上　　　　　　　　　(d) 室外安装

图 3-14　变电所高压避雷器的安装

(4) 线路型避雷器

图 3-15　线路型避雷器

线路型避雷器用于 6～220kV 交流输变电线路，连接于绝缘子（串）两端，是为了限制线路雷电过电压，提高线路耐雷水平，是降低系统因雷击故障引起的跳闸率专门设计的一种悬挂安装于输电杆塔上的新型避雷器，如图 3-15 所示。

3.2 常用低压电器应用技能

3.2.1 低压熔断器

(1) 熔断器的作用

熔断器属于保护电器，在一般的低压照明电路中用作过载和短路保护；在电动机控制电路中主要用作短路保护。

(2) 熔断器的类型

熔断器分为插入式熔断器、螺旋式熔断器、管式（无填料封闭管式、填料封闭管式）熔断器、速熔式熔断器，如图 3-16 所示。

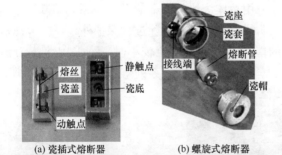

(a) 瓷插式熔断器　　　　(b) 螺旋式熔断器

(c) 有填料管式熔断器

(d) 无填料封闭管式熔断器

图 3-16　常用熔断器结构图

(3) 熔断器的选用

1) 选用原则

在电气设备安装和维护时，只有正确选择熔断器，才能保证线路和用电设备正常工作，起到保护作用。选用熔断器应遵守以下原则。

① 根据使用环境和负载性质选择适当类型的熔断器。

② 熔断器的额定电压应大于等于电路的额定电压。

③ 熔断器的额定电流应大于等于所装熔体的额定电流。

④ 上、下级电路保护熔体的配合应有利于实现选择性保护。

2) 选用要求

对熔断器的选择要求是：在电气设备正常运行时，熔断器不应熔断；在出现短路时，应立即熔断；在电流发生正常变动（如电动机启动过程）时，熔断器不应熔断；在用电设备持续过载时，应延时熔断。

3) 选择依据

选择熔断器的类型时，主要依据负载的保护特性和短路电流的大小。

用于照明电路和电动机的熔断器，一般是考虑它们的过载保护，这时，希望熔断器的熔化系数适当小些。所以容量较小的照明线路和电动机宜采用熔体为铅锌合金的 RC1A 系列熔断器。

大容量的照明线路和电动机，除过载保护外，还应考虑短路时分断短路电流的能力；若短路电流较小时，可采用熔体为锡质的 RC1A 系列或熔体为锌质的 RM10 系列熔断器，如图 3-17 所示。

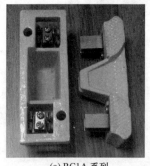 

(a) RC1A 系列　　　　　　　　　(b) RM10 系列

图 3-17　RC1A 系列和 RM10 系列熔断器

　　用于车间低压供电线路的保护熔断器，一般是考虑短路时的分断能力。当短路电流较大时，宜采用具有高分断能力的 RL1 系列熔断器。当短路电流相当大时，宜采用有限流作用的 RT0 系列熔断器，如图 3-18 所示。

(a) RL1系列　　　　　　　　　(b) RT0系列

图 3-18　RL1 系列和 RT0 系列熔断器

💗 **友情提示**

　　一般来说，瓷插式熔断器主要用于 500V 以下小容量线路；螺旋式熔断器用于 500V 以下中小容量线路，多用于机床配电电路；无填料封闭管式熔断器主要用于交流 500V、直流 400V 以下的配电设备中，作为短路保护和防止连续过载用；有填料管式熔断器比无填料封闭管式熔断器断流能力大，可达 50kA，主要用于具有较大短路电流的低压配电网。

(4) 熔体额定电流的选择

　　① 照明或其他没有冲击电流的电阻性负载，熔体的额定电流应大于等于负载的工作电流，一般按照下式选择

$$I_{FR} = 1.1 I_R$$

式中，I_{FR} 为熔体的额定电流；I_R 为负载额定电流。

　　② 单台电动机，熔体的额定电流为

$$I_{FR} \geq (1.5 \sim 2.5) I_R$$

　　③ 多台电动机不同时启动时，熔体的额定电流为

$$I_{FR} \geqslant (1.5 \sim 2.5) I_{Rmax} + \sum I_R$$

式中，I_{Rmax} 为最大一台电动机额定电流；$\sum I_R$ 为其余小容量电动机额定电流之和。

常见熔断器的主要技术参数如表 3-6 所示。

表 3-6　常见熔断器的主要技术参数

类别	型号	额定电压/V	额定电流/A	熔体额定电流等级/A	极限分断能力/kA	功率因数
插入式熔断器	AC1A	380	5	2、5	2.25	0.8
			10	2、4、5、10	0.5	
			15	6、10、15		
			30	20、25、30	1.5	0.7
			60	40、50、60	3	0.6
			100	80、100		
			200	120、150、200		
螺旋式熔断器	RL1	500	15	2、4、6、10、15	2	≥0.3
			60	20、25、30、35、40、50、60	2.5	
			100	60、80、100	20	
			200	100、125、150、200	50	
	RL2		25	2、4、6、10、15、20、25	1	
			60	25、35、50、60	2	
			100	80、100	3.5	
无填料封管式熔断器	RM10	380	15	6、10、15	1.2	0.8
			60	15、20、25、35、45、60	3.5	0.7
			100	60、80、100		>0.3
			200	100、125、160、200	10	
			350	200、225、260、300、350		
			600	350、430、500、600	12	0.5

(5) 熔断器的安装及更换

① 熔断器的安装应保证触点、接线端等处接触良好；安装熔体时，注意不要损伤熔体。

② 螺旋式熔断器的进线应接在底座中心端的下接线端上，出线接在上接线端上，如图 3-19 所示。螺旋式熔断器的熔断管内装有熔丝和石英砂，管的上盖有指示器，用来指示熔丝是否熔断。

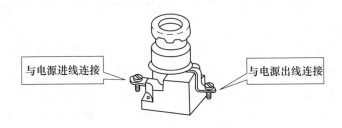

图 3-19　螺旋式熔断器的接线

③ 瓷插式熔断器的熔丝应顺着螺钉旋紧方向绕过去；不要把熔丝绷紧，以免减小熔丝截面尺寸。

④ 应保证熔体与刀座接触良好，以免因接触电阻过大使熔体温度升高而熔断。

⑤ 更换熔体应在停电的状况下进行。熔丝的额定电流只能小于或等于熔管的额定电流。熔丝损坏后，千万不能用铜丝或铁丝代替熔丝。

3.2.2　低压断路器

(1) 低压断路器的种类

低压断路器过去称为自动空气开关，为了与 IEC（国际电工委员会）标准一致，故改为此名。

低压断路器的分类方式很多，按使用类别分，有选择型（保护

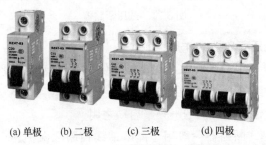

(a) 单极　　(b) 二极　　(c) 三极　　(d) 四极

图 3-20　低压断路器按极数分类

装置参数可调）和非选择型（保护装置参数不可调）；按结构形式分，有万能式（又称框架式）和塑壳式断路器；按灭弧介质分，有空气式和真空式（目前国产多为空气式）；按操作方式分，有手动操作、电动操作（电机操作可实现远方遥控操作）和弹簧储能机械操作；按极数分，有单极、二极、三极和四极式，如图3-20所示；按安装方式分，有固定式、插入式、抽屉式和嵌入式等。

友情提示

目前常用的万能式断路器主要有 DW15、DW16、DW17(ME)、DW45等系列，塑壳式断路器主要有 DZ20、CM1、TM30等系列，如图 3-21 所示。其容量范围很大，最小为 4A，而最大可达 5000A。

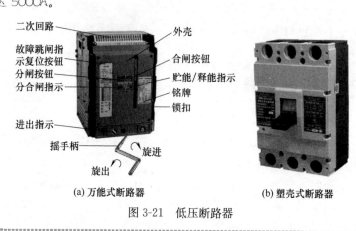

(a) 万能式断路器　　(b) 塑壳式断路器

图 3-21　低压断路器

（2）低压断路器的作用

① 万能式断路器用来分配电能和保护线路及电源设备的过载、欠电压、短路等，在正常的条件下，它可作为线路的不频繁转换之用，也可以作为电动机的不频繁启动之用。

② 塑壳式断路器一般用于配电馈线控制和保护、小型配电变压器的低压侧出线总开关，动力配电终端控制和保护，及住宅配电

终端控制和保护，也可用于各种生产机械的电源开关。

（3）塑壳式断路器的结构

塑壳式断路器主要由动触点、静触点、灭弧装置、操作机构、热脱扣器、电磁脱扣器、欠电压脱扣器及外壳等部分组成，如图3-22所示。

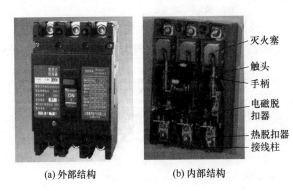

灭火塞
触头
手柄
电磁脱扣器
热脱扣器
接线柱

(a) 外部结构   (b) 内部结构

图 3-22 低压断路器的结构

友情提示

靠手动操作的低压断路器的主触点断开后，操作手柄仍然处在"合"的位置，查明原因并排除故障后，必须先把手柄扳到"分"的位置再扳至"合"的位置，才可恢复正常供电。

（4）低压断路器的选用

选用低压断路器，一般应遵循以下4个原则。

① 额定电压和额定电流应不小于电路正常工作电压和工作电流。

a. 用于控制照明电路时，电磁脱扣器的瞬时脱扣整定电流通常应为负载电流的6倍。

b. 用于电动机保护时，装置式自动开关电磁脱扣器的瞬时脱扣整定电流应为电动机启动电流的1.7倍；万能式低压断路器的整定电流应为电动机启动电流的 1.35 倍。

　　c. 用于分断或接通电路时，其额定电流和热脱扣器整定电流均应等于或大于电路中负载的额定电流之和。

　　d. 选用低压断路器作多台电动机短路保护时，电磁脱扣器整定电流为容量最大的一台电动机启动电流的 1.3 倍加上其余电动机额定电流之和。

　　e. 欠电压脱扣器的额定电压等于电路的电源电压。

　　② 热脱扣器的整定电流应等于所控制负载的额定电流，否则，应进行人工调节。

　　③ 电磁脱扣器的瞬时整定电流应大于负载电路正常工作时的工作电流。对于电动机来说，瞬时整定电流一般取大于等于 1.7 倍的电动机启动电流。

　　④ 选用低压断路器时，在类型、等级、规格等方面要配合上、下级开关的保护特性，不允许因本级保护失灵导致越级跳闸，扩大停电范围。

　　常用塑壳式断路器的主要技术数据见表 3-7 所列。

表 3-7　常用塑壳式断路器主要技术数据

型　　号	额定电流	过电流脱扣器范围 /A	通断能力						用途
			交　流			直　流			
			电压 /V	电流有效值 /kA	$\cos\varphi$	电压 /V	电流 /A	t /ms	
DZ10-100	100	15～20 25～50 60～100	380	7(峰值) 9 12	0.4	220	7 9 12		用于交直流电路中，作为开关板控制线路、照明电路的过载保护。在正常操作条件下，作为线路的不频繁接通和分断之用
DZ10-250	250	100～250		30			20		
DZ10-600	600	200～600		50			25		
DZ5-10	10	0.5～10	220	1	0.7	220	1.2	10	
DZ5-25	25	0.5～25	220	2					
DZ5-20	29	0.15～20	380	1.2					
DZ5-50	50	10～50	380	1.2					

友情提示

万能式断路器一般带有电子脱扣器，可以在出厂前整定，也可以在安装现场整定（需要用调试仪器），如图3-23所示。

塑壳式断路器的热磁脱扣性能一般是出厂前就固定的（与产品制造工艺有关，特殊要求要定做），也有可以现场进行整定的，但需要带电子脱扣器附件，价格高，通常选择塑壳断路器是根据样本技术参数选择（如：短时脱扣曲线、长延时脱扣曲线、瞬时脱扣过流倍数等）。

图 3-23　调节整定电流

(5) 低压断路器的安装

① 安装前用500V兆欧表检查断路器的绝缘电阻。在周围介质温度为（20±5）℃和相对湿度为50％～70％时，绝缘电阻值应不小于10MΩ，否则应烘干。

② 安装低压断路器时，应将脱扣器电磁铁工作面的防锈油脂擦拭干净，以免影响电磁机构的正常动作。

③ 万能式断路器只能垂直安装，其倾斜度不应大于5°，其操作手柄及传动杠杆的开、合位置应正确，如图3-24所示。直流快速低压断路器的极间中心距离及开关与相邻设备或建筑物的距离不应该小于500mm，若小于500mm，要加隔弧板，隔弧板的高度应不小于单极开关的总高度。

④ 低压断路器操作机构的安装，

图 3-24　低压断路器的安装

应符合下列要求。

a. 操作手柄或传动杠杆的开、合位置应正确；操作力不应大于产品的规定值。

b. 电动操作机构接线应正确；在合闸过程中，开关不应跳跃；开关合闸后，限制电动机或电磁铁通电时间的联锁装置应及时动作；电动机或电磁铁通电时间不应超过产品的规定值。

c. 开关辅助触点动作应正确可靠，接触应良好。

d. 抽屉式断路器的工作、试验、隔离三个位置的定位应明显，并应符合产品技术文件的规定。

e. 抽屉式断路器空载时进行抽、拉数次应无卡阻，机械联锁应可靠。

⑤ 正确接线。低压断路器应垂直安装，电源线应接在上端，负载接在下端。若因安装条件限制，必须下进线，则要降低短路分断能力，一般降 20%～30%。

友情提示

低压断路器用作电源总开关或电动机的控制开关时，在电源进线侧必须加装刀开关或熔断器等，以形成明显的断开点。

(6) 低压断路器的维护

① 运行中的断路器应定期进行清扫和检修，要注意有无异常声响和气味。

② 运行中的断路器触点表面不应有毛刺和烧蚀痕迹，当触点磨损到小于原厚度的 1/3 时，应更换新触点。

③ 运行中的断路器在分断短路电流后或运行很长时间时，应清除灭弧室内壁和栅片上的金属颗粒。灭弧室不应有破损现象。

④ 带有双金属片式的脱扣器，因过载分断断路器后，不得立即"再扣"，应冷却几分钟使双金属片复位后，才能"再扣"。

⑤ 运行中的传动机构应定期加润滑油。

⑥ 定期检修后应在不带电的情况下进行数次分合闸试验，以

检查其可靠性。

⑦ 定期检查各脱扣器的电流整定值和延时，特别是半导体脱扣器，应定期用试验按钮检查其工作情况。

⑧ 经常检查引线及导电部分有无过热现象。

3.2.3 交流接触器

(1) 交流接触器的作用

交流接触器作为执行元件，主要用于频繁接通或分断交流主电路和大容量的控制电路，可远距离操作，配合继电器可以实现定时操作、联锁控制、各种定量控制、失压及欠压保护，广泛应用于自动控制电路，其主要控制对象是电动机，也可用于控制其他电力负载，如电热器、照明、电焊机、电容器组等。

交流接触器的一端接控制信号，另一端则连接被控的负载线路，是实现小电流对大电流，低电压电信号对高电压负载进行接通、分断控制的最常用元器件。

(2) 交流接触器的种类

交流接触器的种类见表 3-8。

表 3-8　交流接触器的种类

分类方法	种　类	适　用　场　合
按主触点极数分	单极接触器	主要用于单相负荷,如照明负荷、焊机等,在电动机能耗制动中也可采用
	双极接触器	用于绕线式异步电机的转子回路中,启动时用于短接启动绕组
	三极接触器	用于三相负荷,在三相电动机的控制及其他场合,使用最为广泛
	四极接触器	主要用于三相四线制的照明线路,也可用来控制双回路电动机负载
	五极接触器	用来组成自耦补偿启动器或控制双笼型电动机,以变换绕组接法
按灭弧介质分	空气式接触器	用于一般负载
	真空式接触器	用于煤矿、石油、化工企业及电压在 660V 和 1140V 等一些特殊的场合

分类方法	种 类	适 用 场 合
按有无触点分	有触点接触器	常见的接触器多为有触点接触器,大多数场合都可使用这种接触器
	无触点接触器	采用晶闸管作为回路的通断元件。用于高操作频率的设备和易燃、易爆、无噪声的场合

(3) 交流接触器的基本参数

交流接触器的基本参数及含义见表 3-9。

表 3-9　交流接触器的基本参数及含义

基本参数	含 义
额定电压	指主触点额定工作电压,应等于负载的额定电压。一只接触器常规定几个额定电压,同时列出相应的额定电流或控制功率。通常,最大工作电压即为额定电压。常用的额定电压值为 24V、48V、110V、220V、380V 等
额定电流	接触器触点在额定工作条件下的电流值。380V 三相电动机控制电路中,额定工作电流可近似等于控制功率的两倍。常用额定电流等级为 9A、12A、17A、25A、32A、40A、50A
通断能力	可分为最大接通电流和最大分断电流。最大接通电流是指触点闭合时不会造成触点熔焊时的最大电流值;最大分断电流是指触点断开时能可靠灭弧的最大电流。一般通断能力是额定电流的 5～10 倍。这一数值与电路的电压等级有关,电压越高,通断能力越小
动作值	可分为吸合电压和释放电压。吸合电压是指接触器吸合前,缓慢增加吸合线圈两端的电压,接触器可以吸合时的最小电压。释放电压是指接触器吸合后,缓慢降低吸合线圈的电压,接触器释放时的最大电压。一般规定,吸合电压不低于线圈额定电压的 85%,释放电压不高于线圈额定电压的 70%
吸引线圈额定电压	接触器正常工作时,吸引线圈上所加的电压值。一般该电压数值以及线圈的匝数、线径等数据均标于线包上,而不是标于接触器外壳铭牌上,使用时应加以注意
操作频率	接触器在吸合瞬间,吸引线圈需消耗比额定电流大 5～7 倍的电流,如果操作频率过高,则会使线圈严重发热,直接影响接触器的正常使用。为此,规定了接触器的允许操作频率,一般为每小时允许操作次数的最大值
寿命	包括电寿命和机械寿命。目前接触器的机械寿命已达一千万次以上,电气寿命是机械寿命的 5%～20%

(4) 交流接触器的结构

交流接触器主要由触点系统、电磁系统、灭弧装置和辅助部件等组成，如图 3-25 所示。

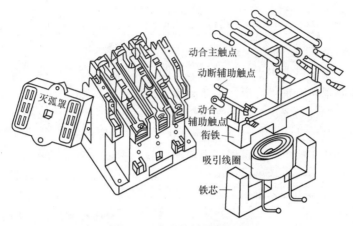

图 3-25　交流接触器的结构

① 电磁系统：电磁系统包括电磁线圈和铁芯，是接触器的重要组成部分，依靠它带动触点的闭合与断开。

② 触点系统：按功能不同，接触器的触点分为主触点和辅助触点。主触点用于接通和分断电流较大的主电路，体积较大，一般由 3 对动合触点组成；辅助触点用于接通和分断小电流的控制电路，体积较小，有动断和动合两种触点。根据触点形状的不同，分为桥式触点和指形触点，其形状分别如图 3-26 所示。

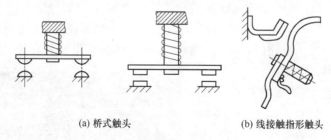

(a) 桥式触头　　　　　　(b) 线接触指形触头

图 3-26　接触器的触点结构

交流接触器的触点，一般由银钨合金制成，具有良好的导电性和耐高温烧蚀性。中小型交流接触器的主触点为 3 对，特殊规格的可以有 1 对、2 对、4 对或 5 对主触点。

③ 灭弧系统：灭弧装置用来保证触点断开电路时，产生的电弧可靠的熄灭，减少电弧对触点的损伤。为了迅速熄灭断开时的电弧，容量在 10A 以上的接触器都装有灭弧装置。

交流接触器由于频繁带负荷通断，因此主触点周边都配备有灭电弧隔罩，特别是对于大型接触器灭弧罩尤其重要。

小型接触器灭弧罩由陶土烧结制成，它将接触器的主触点分别隔离在其内独立的间隔内进行分断，依靠陶瓷绝缘并耐高温的特性，防止主触点之间可能因电弧而引起的相间短路，同时电弧和电弧产生的高温气流经由灭弧罩上预设的狭缝中排出，使接触器的接通与分断过程安全可靠。

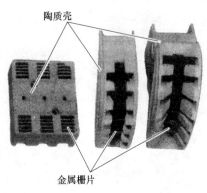

图 3-27　片状金属消弧栅

大型交流接触器的灭弧罩是采用在陶质隔罩的基础上再配备片状金属消弧栅，如图 3-27 所示。钢栅片能将长弧分割成若干短弧，增加了电弧的电压降，使得电弧无法维持而熄灭，钢栅片越多，效果越好。同时，钢栅片还具有磁吹灭弧、电动力吹灭弧的作用。

交流接触器在分断大电流或高电压电路时，其动、静触点间气体在强电场作用下产生放电，形成电弧。

④ 辅助部件：有绝缘外壳、弹簧、短路环、传动机构和支架底座等。

交流接触器的动作动力来源于交流电磁铁，电磁铁由两个"山"字形的硅钢片

图 3-28　减振环

叠成，其中一个固定，在上面套上线圈，工作电压有多种供选择。另一半是活动铁芯，用来带动主触点和辅助触点的开、断。为了使磁力稳定，铁芯的吸合面，加上短路环（又称减振环），如图3-28所示，减振环的作用是减少交流接触器的吸合时产生的振动和噪声。在维修时，如果没有安装此减振环，交流接触器吸合时会产生非常大的噪声。

📢 **【知识窗】**

接触器常用灭弧方法

① 电动力灭弧：利用触点分断时本身的电动力将电弧拉长，使电弧热量在拉长的过程中散发冷却而迅速熄灭，其原理如图3-29（a）所示。

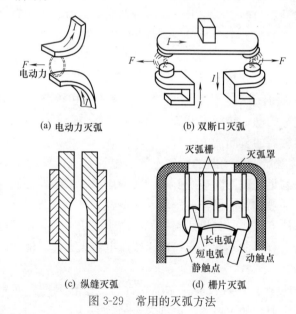

(a) 电动力灭弧　　　　　(b) 双断口灭弧

(c) 纵缝灭弧　　　　　(d) 栅片灭弧

图3-29　常用的灭弧方法

② 双断口灭弧：将整个电弧分成两段，同时利用上述电动力将电弧迅速熄灭。它适用于桥式触点，其原理如图3-29（b）所示。

③ 纵缝灭弧：采用一个纵缝灭弧装置来完成灭弧任务，如图

3-29（c）所示。

④ 栅片灭弧：主要由灭弧栅和灭弧罩组成，如图 3-29（d）所示。

（5）低压交流接触器的选用原则

接触器作为通断负载电源的设备，接触器的选用应按满足被控制设备的要求进行，除额定工作电压与被控设备的额定工作电压相同外，被控设备的负载功率、使用类别、控制方式、操作频率、工作寿命、安装方式、安装尺寸以及经济性是选择的依据。其选用原则如下。

① 交流接触器的电压等级要和负载相同，选用的接触器类型要和负载相适应。

② 负载的计算电流要符合接触器的容量等级，即计算电流小于等于接触器的额定工作电流。接触器的接通电流大于负载的启动电流，分断电流大于负载运行时分断需要电流，负载的计算电流要考虑实际工作环境和工况，对于启动时间长的负载，半小时峰值电流不能超过约定发热电流。

③ 按短时的动、热稳定校验。线路的三相短路电流不应超过接触器允许的动、热稳定电流，当使用接触器断开短路电流时，还应校验接触器的分断能力。

④ 接触器吸引线圈的额定电压、电流及辅助触点的数量、电流容量应满足控制回路接线要求。要考虑接在接触器控制回路的线路长度，一般推荐的操作电压值，接触器要能够在 85%～110% 的额定电压值下工作。如果线路过长，由于电压降太大，接触器线圈对合闸指令有可能不起反应；由于线路电容太大，可能对跳闸指令不起作用。

⑤ 根据操作次数校验接触器所允许的操作频率。如果操作频率超过规定值，额定电流应该加大一倍。

⑥ 短路保护元件参数应该与接触器参数配合选用。选用时可参见样本手册，样本手册一般给出的是接触器和熔断器的配合表。

接触器和空气断路器的配合要根据空气断路器的过载系数和短

路保护电流系数来决定。接触器的约定发热电流应小于空气断路器的过载电流，接触器的接通、断开电流应小于断路器的短路保护电流，这样断路器才能保护接触器。实际使用中接触器在一个电压等级下约定发热电流和额定工作电流比值在1～1.38之间，而断路器的反时限过载系数参数比较多，不同类型断路器不一样，所以两者间配合很难有一个标准，需要实际核算。

⑦ 接触器和其他元器件的安装距离要符合相关国标、规范，要考虑维修和布线距离。

(6) 根据不同负载选用交流接触器

为了使接触器不会发生触点粘连烧蚀，延长接触器寿命，接触器要躲过负载启动最大电流，还要考虑到启动时间的长短等不利因素，因此要对接触器通断运行的负载进行分析，根据负载电气特点和此电力系统的实际情况，对不同的负载启停电流应进行计算。

1）控制电热设备用交流接触器的选用

控制电热设备主要有电阻炉、调温设备等，其电热元件负载中用的绕线电阻元件，接通电流可达额定电流的1.4倍，如果考虑到电源电压升高等，电流还会变大。此类负载的电流波动范围很小，按使用类别属于 AC-1，操作也不频繁，选用接触器时只要按照接触器的额定工作电流等于或大于电热设备的工作电流1.2倍即可。

2）控制照明设备用的接触器的选用

照明设备的种类很多，不同类型的照明设备、启动电流和启动时间也不一样。此类负载使用类别为 AC-5a 或 AC-5b，如果启动时间很短，可选择其发热电流等于照明设备工作电流1.1倍。启动时间较长以及功率因数较低。

3）控制电焊变压器用接触器的选用

当接通低压变压器负载时，变压器因为二次侧的电极短路而出现短时的陡峭大电流，在一次侧出现较大电流，可达额定电流的15～20倍，它与变压器的绕组布置及铁芯特性有关。当电焊机频繁地产生突发性的强电流，从而使变压器的初级侧的开关承受巨大的应力和电流，所以必须按照变压器的额定功率下电极短路时一次侧的短路电流及焊接频率来选择接触器，即接通电流大于二次侧短路时一次侧电流。此类负载使用类别为 AC-6a。

4）电动机用接触器的选用

电动机用接触器根据电动机使用情况及电动机类别可分别选用 AC-2～4，对于启动电流在 6 倍额定电流，分断电流为额定电流下可选用 AC-3，如风机水泵等，可采用查表法及选用曲线法，根据样本及手册选用，不用再计算。

绕线式电动机接通电流及分断电流都是 2.5 倍额定电流，一般启动时在转子中串入电阻以限制启动电流，增加启动转矩，使用类别 AC-2，可选用转动式接触器。

对于一般设备用电动机，工作电流小于额定电流，启动电流虽然达到额定电流的 4～7 倍，但时间短，对接触器的触点损伤不大，接触器在设计时已考虑此因素，一般选用触点容量大于电动机额定容量的 1.25 倍即可。

对于在特殊情况下工作的电动机要根据实际工况考虑。如电动葫芦属于冲击性负载、重载启停频繁、反接制动等，所以计算工作电流要乘以相应倍数。由于重载启停频繁，选用 4 倍电动机额定电流，通常重载下反接制动电流为启动电流 2 倍，所以对于此工况要选用 8 倍额定电流。

(7) 交流接触器常见故障及处理

交流接触器常见故障及处理方法见表 3-10。

表 3-10　交流接触器常见故障及处理

故障现象	可能原因	处理方法
触点闭合而铁芯未完全闭合	①电源电压过低或波动大 ②操作回路电源容量不足或断线；配线错误；触点接触不良 ③选用线圈不当 ④产品本身受损，如线圈受损，部件卡住；转轴生锈或歪斜 ⑤触点弹簧压力不匹配	①增高电源电压 ②增大电源容量，更换线路，修理触点 ③更换线圈 ④更换线圈，排除卡住部件；修理损坏零件 ⑤调整触点参数

故障现象	可能原因	处理方法
触点熔焊	①操作频率过高或超负荷使用 ②负载侧短路 ③触点弹簧压力过小 ④触点表面有异物 ⑤回路电压过低或有机械卡住	①调换合适的接触器 ②排除短路故障,更换触点 ③调整触点弹簧压力 ④清理触点表面 ⑤提高操作电源电压,排除机械卡住,使接触器吸合可靠
触点过度磨损	接触器选用不当,在一些场合造成其容量不足(如在反接振动、操作频率过高、三相触点动作不同步等)	更换适合繁重任务的接触器;如果三相触点动作不同步,应调整到同步
不释放或释放缓慢	①触点弹簧压力过小 ②触点熔焊 ③机械可动部分卡住,转轴生锈或歪斜 ④反力弹簧损坏 ⑤铁芯吸面有污物或尘埃粘着	①调整触点参数 ②排除熔焊故障,修理或更换触点 ③排除卡住故障,修理受损零件 ④更换反力弹簧 ⑤清理铁芯吸面
铁芯噪声过大	①电源电压过低 ②触点弹簧压力过大 ③磁系统歪斜或卡阻,使铁芯不能吸平 ④吸面生锈或有异物 ⑤短路环断裂或脱落 ⑥铁芯吸面磨损过度而不平	①提高操作回路电压 ②调整触点弹簧压力 ③排除机械卡阻 ④清理铁芯吸面 ⑤调换铁芯或短路环 ⑥更换铁芯
线圈过热或烧损	①电源电压过高或过低 ②线圈技术参数与实际使用条件不符合 ③操作频率过高 ④线圈制作不良或有机械损伤、绝缘损坏 ⑤使用环境条件特殊,如空气潮湿、有腐蚀性气体或环境温度过高等 ⑥运动部件卡阻 ⑦铁芯吸面不平	①调整电源电压 ②更换线圈或者接触器 ③选择合适的接触器 ④更换线圈,排除线圈机械受损的故障 ⑤采用特殊设计的线圈 ⑥排除卡阻现象 ⑦清理吸面或调换铁芯

3.2.4 继电器

(1) 时间继电器的作用

时间继电器是一种利用电磁原理或机械原理来延时或周期性定时接通或切断某些控制电路的继电器，主要用于在接收电信号到触点动作时需要延时的场合。

(2) 时间继电器的种类

时间继电器的种类很多，按动作原理可分为电磁阻尼式、空气阻尼式、晶体管式和电动式 4 种，如图 3-30 所示。近年来，电子式时间继电器发展很快，它具有延时时间长、精度高、调节方便等优点，有的还带有数字显示，非常直观，所以应用很广。

(a) 空气式

(b) 电动式

(c) 电磁式

(d) 晶体管式

图 3-30　常见时间继电器的种类

时间继电器按工作方式可分为通电延时时间继电器和断电延时时间继电器两种，均具有瞬时触点和延时触点这两种触点。

(3) 时间继电器的选用

① 时间继电器类型的选择：对延时要求不高的场合，一般采用价格较低的空气阻尼式时间继电器；对延时要求较高的场合，可采用电动式时间继电器。

② 根据控制线路的要求选择延时方式是通电延时型还是继电延时型。

③ 根据控制线路电压来选择时间继电器吸引线圈的电压。

(4) 热继电器的作用

热继电器是在通过电流时依靠发热元件所产生的热量而动作的一种低压电器，主要用于电动机的过载保护及其他电气设备发热状态的控制，有些型号的热继电器还具有断相及电流不平衡运行的保护。

(5) 热继电器的类型

热继电器的类型较多，常见热继电器见表 3-11。

表 3-11　常见热继电器

类　　　型	说　　　明
双金属片式热继电器	利用两种膨胀系数不同的金属（通常为锰镍和铜板）辗压制成的双金属片受热弯曲去推动杠杆，从而带触点动作。这种热继电器应用最多，并且常与接触器构成磁力启动器
热敏电阻式热继电器	利用电阻值随温度变化而变化的特性制成的热继电器
易熔合金式热继电器	利用过载电流的热量使易熔合金达到某一温度值时，合金熔化而使继电器动作

(6) 热继电器的选用

为了保证电动机能够得到既必要又充分的过载保护，就必须全面了解电动机的性能，并给其配以合适的过继电器，进行必要的整定。通常在选择热继电器时，应考虑以下原则。

① 根据电动机的型号、规格和特性选用热继电器　电动机的绝缘材料等级有 A 级、E 级、B 级等，它们的允许温度各不相同，因而其承受过载的能力也不相同。开启式电动机散热比较容易，而

封闭式电动机散热比较困难，稍有过载，其温升就可能超过限值。虽然热继电器的选择从原则上讲是按电动机的额定电流来考虑，但对于过载能力较差的电动机，所配热继电器的额定电流为电动机的额定电流的 60%～80%。

② 根据电动机正常启动时的启动电流和启动时间选用热继电器　在非频繁启动的场合，必须保证电动机的启动不致使热继电器误动。当电动机启动电流为额定电流的 6 倍、启动时间不超过 6s、很少连续启动的条件下，一般可按电动机的额定电流来选择热继电器。长期稳定工作的电动机，可按电动机的额定电流选用热继电器。使用时，要将热继电器的整定电流调至电动机的额定电流值。

③ 根据电动机的使用条件和负载性质选用热继电器　由于电动机使用条件的不同，对它的要求也不同。如负载性质不允许停车、即便过载会使电动机寿命缩短，也不应让电动机贸然脱扣，以免生产遭受比电动机价格高许多倍的巨大损失。这种场合最好采用有热继电器和其他保护电器有机地组合起来的保护措施，只有在发生非常危险的过载时方可考虑脱扣。

④ 根据电动机的操作频率选用热继电器　当电动机的操作频率超过热继电器的操作频率时，如电动机的反接制动、可逆运转和频繁通断，热继电器就不能提供保护。这时可考虑选用半导体温度继电器进行保护。

⑤ 三相或两相保护热继电器的选择　由于两相保护式热继电器性价比高，所以应尽量选用。但在下列情况下应采用三相保护式热继电器：电源电压显著不平衡；电动机定子绕组一相断线；多台电动机的共用电源断线；Y/△（或△/Y）连接的电源变压器一次侧断线。

3.2.5　主令电器

主令电器用于切换控制电路，以发出指令或作为程序控制的操纵电器。常用的主令电器有按钮开关、行程开关、接近开关、万能转换开关和主令控制器等。

(1) **按钮开关**

① 按钮开关的作用　按钮开关，简称按钮，在电气自动控制电路中，是一种手动操作接通或者断开小电流控制电路的主令电器。按钮开关不直接控制主电路的通断，而是通过按钮远距离发出手动指令或信号去控制接触器、继电器、电磁启动器等电器来实现主电路的通断、功能转换（例如电动机的启动、停止、正反转、变速），以及电气互锁、联锁等基本控制。

② 按钮开关的种类　按钮开关的种类很多，按用途和触点的结构不同，可分为动合按钮、动断按钮和复合按钮，它们均有单钮、双钮、三钮及不同组合形式。

③ 按钮的选用

a. 根据使用场合和具体用途选择按钮开关的种类，例如，紧急式、钥匙式。

b. 根据工作状态指示和工作情况要求，选择按钮的颜色。一般来说，启动按钮选用绿色或黑色，停止按钮或紧急按钮选用红色。

(2) **位置开关**

① 位置开关的作用　位置开关又称限位开关，是一种将机器信号转换为电气信号，以控制运动部件位置或行程的自动控制电器。在电气控制系统中，位置开关的作用是实现顺序控制、定位控制和位置状态的检测，从而控制机械运动或实现安全保护。

② 常用的位置开关

a. 行程开关和微动开关，如图 3-31 所示。这类开关是利用生产机械运动部件的碰撞使其触头动作来实现接通或分断控制电路，达到一定的控制目的。

b. 接近开关，如图 3-32 所示。它不仅能代替有触头行程开关来完成行程控制和限位保护，还可用于高额计数、测速、液面控制、零件尺寸检测、加工程序的自动衔接等，在机床、纺织、印刷、塑料等工业生产中应用广泛。

接近开关按工作原理来分：主要有高频振荡式、霍尔式、超声

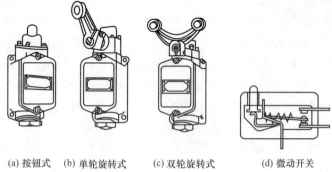

(a) 按钮式　(b) 单轮旋转式　　(c) 双轮旋转式　　　(d) 微动开关

图 3-31　行程开关和微动开关

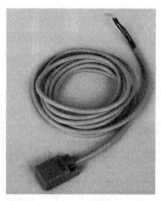

图 3-32　接近开关

波式，电容式、差动线圈式、永磁式等，其中高频振荡式最为常用。

③ 位置开关的选用

a. 根据应用场合及控制对象选择种类。

b. 根据机械与限位开关的传力与位移关系选择合适的操作头形式。

c. 根据控制回路的额定电压和额定电流选择系列。

d. 根据安装环境选择防护形式。

第4章 三相电动机控制电路安装技能

4.1 电动机全压启动电路的安装

4.1.1 电动机直接启动电路的安装

(1) 电路解说

电动机直接启动也称为全压启动，如图 4-1 所示为刀开关控制电动机启动和停止的电路，这是一种最简单的电动机手动控制方式。

① 电路特点　控制线路简单，无辅助电路，从设备到电源一目了然。但不安全、不方便，操作劳动强度大，不能进行自动控制。

② 电流流向　三相电源→刀开关→熔断器→电动机。

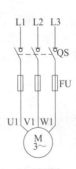

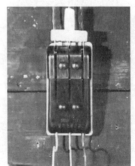

(a) 原理图　　　　(b) 刀开关QS

图 4-1　刀开关控制电动机直接启动电路

③ 工作过程

启动：合上刀开关 QS，电动机通电启动运转。

停止：拉开刀开关 QS，电动机断电停止转动。

📢【知识窗】

笼式异步电动机能否直接启动，取决于下列条件。

① 电动机自身要允许直接启动。对于惯性较大，启动时间较长或启动频繁的电动机，过大的启动电流会使电动机老化，甚至损坏。

② 所带动的机械设备能承受直接启动时的冲击转矩。

③ 电动机直接启动时所造成的电网电压下降不致影响电网上其他设备的正常运行。具体要求是：经常启动的电动机，引起的电网电压下降不大于10％；不经常启动的电动机，引起的电网电压下降不大于15％；当能保证生产机械要求的启动转矩，且在电网中引起的电压波动不致破坏其他电气设备工作时，电动机引起的电网电压下降允许为20％或更大；由一台变压器供电给多个不同特性负载，而有些负载要求电压变动小时，允许直接启动的异步电动机的功率要小一些。

④ 电动机启动不能过于频繁。因为启动越频繁给同一电网上其他负载带来的影响越多。

（2）电路安装

三相电动机直接启动线路的安装步骤如下。

① 根据电动机容量选配导线的截面积。

② 连接电源、电动机等控制板外部的连接导线，用黄绿双色线连接电动机外壳的保护接地线。

③ 安装电动机。

④ 刀开关接线和安装熔断丝，如图 4-2 所示。

⑤ 检查线路是否安装正确。

⑥ 通电试车。

4.1.2 电动机点动控制电路的安装

（1）电路解说

电动机点动正转控制线路是用按钮、接触器等来控制主电路，

(a) 刀开关接线

(b) 安装熔断丝

图 4-2   刀开关接线和安装熔断丝

完成电动机运转的最简单的正转控制线路，如图 4-3 所示。

① 电路特点   主电路由电动机 M、接触器主触点 KM、熔断器 FU1 和电源构成；辅助电路由电源→熔断器 FU2→按钮 SB→接触器线圈 KM→熔断器 FU2→电源构成。由于辅助电路控制电流远小于主电路工作电流，因此控制安全，达到了以小电流控制大电流的目的。但本电路也有不便之处，即电动机运转期间不能松开按钮，否则电动机停止转动。

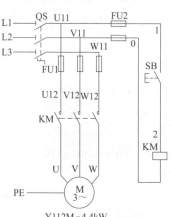

Y112M - 4.4kW
△连接，380V、8.8A、1440r/min

图 4-3   电动机点动正转控制电路图

因此，本电路只适用于控制短时运行的电动机。

② 工作过程   当电动机需要点动时，先合上组合开关 QS，此时电动机 M 尚未接通电源。按下启动按钮→接触器线圈得电→主触点闭合→电动机转动；松开按钮→接触器失电→电动机停转。停止使用时，断开组合开关 QS。

(2) 电路安装

① 安装基本步骤　选用元器件及导线→元器件检查→固定元器件→布线→安装电动机并接线→连接电源→自检→通电试车。

② 安装所需器材　见表 4-1。

表 4-1　安装器材明细表

代号	名　　　称	型　　　号	规　　　格	数量
M	三相异步电动机	Y-112M-4	4kW、380V、△接法	1
QS	组合开关	HZ10-25-3	三极，额定电流 25A	1
FU1	螺旋式熔断器	RL1-60/25	500V、60A 配熔体额定电流 25A	3
FU2	螺旋式熔断器	RL1-15/2	500V、15A 配熔体额定电流 2A	2
KM	交流接触器	CJ10-20	20A、线圈电压 380V	1
SB	按钮	LA10-3H	保护式、按钮数 3	1
T	端子排	JX2-1015	10A、15 节	1
	木板（配电板）		650mm×500mm×50mm	1

③ 元器件质量检查　按照表 4-1 配齐电器元件，检查电器元件的技术数据（包括型号、规格、额定电压、电流等）应完整并符合要求，外观无损伤，备件、附件齐全完好。

a. 在不通电的情况下，用万用表检查接触器各触点的分、合情况是否良好，检查电磁线圈的通断情况。检查接触器触点通断情况时，应拆卸灭弧罩，用手分别按下 3 副主触点并用力均匀，如图 4-4 所示。同时，应检查接触器线圈电压与电源电压是否相符。

b. 电动机在安装或投入运行前，要用兆欧表对其绕组进行绝缘电阻的检测，其测量项目包括各绕组的相间绝缘电阻和各绕组对外壳（地）的绝缘电阻，如图 4-5 所示，把测量结果填入表 4-2 中，检查绝缘电阻值是否符合要求。一般情况下，其绝缘电阻应大于 0.5MΩ 以上。

表 4-2　电动机绕组绝缘电阻的测定

相间绝缘	绝缘电阻/MΩ	各相对地绝缘	绝缘电阻/MΩ
U 相与 V 相		U 相对地	
V 相与 W 相		V 相对地	
W 相与 U 相		W 相对地	

图 4-4　检查接触器主触点

图 4-5　测量绕组绝缘电阻

c. 还应对电动机进线一系列的常规检查。例如：用万用表测量每一相定子绕组的是否短路或开路，如图 4-6（a）所示；用手检查电动机转轴是否灵活，如图 4-6（b）所示；看电动机的铭牌参数是否符合要求，如图 4-6（c）所示。

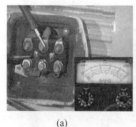

(a)

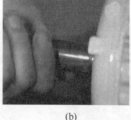

(b)

(c)

图 4-6　电动机常规检查

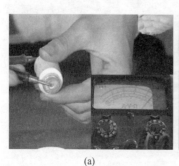

(a)

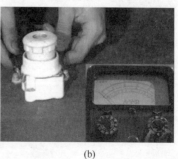

(b)

图 4-7　检查熔断器的质量

d. 用万用表 $R \times 1\Omega$ 或 $R \times 10\Omega$ 挡测量熔断管，若阻值为 0，说明熔断管完好；若阻值很大，说明熔断管已损坏，如图 4-7（a）

所示。装好熔断器管，再用万用表测量熔断器的两个接线装，检查熔断器管与底座是否接触良好，如图 4-7（b）所示。电源开关的通断检查也用万用表电阻挡测量。

④ 固定元器件　在配电板上将电器元件摆放均匀、整齐、紧凑、合理。注意开关及熔断器的受电端子应安装在控制板的外侧，并使熔断器的受电端为底座的中心端；用螺钉紧固

图 4-8　用螺钉固定元器件

各元件时应用力均匀，紧固程度适当，如图 4-8 所示。元器件布置图如图 4-9 所示。

(a) 示意图　　　　　　　　　　　(b) 实物图

图 4-9　元器件布置图

 友情提示

在配电板上布局元器件的基本方法如下。

① 体积大和重量较重的元器件宜安装在配电板的下部，以降低配电板的重心。

②发热元件宜安装在配电板上部，以避免对其他元件的热影响。

③需要经常维护、调节的元器件安装在便于操作的位置上。

④外形和结构类似的元器件宜布置在一起，以便安装、配线及让外观整齐。

⑤元器件布置不宜过于紧密，要留有一定的间距。若采用板前走线槽配线，应适当加大各排电器元件的间距，以利于布线和维护。

⑤ 线路配线　点动正转控制线路的接线图如图 4-10 所示。

根据图 4-9（b）元器件的位置准备好连接线，方法是：用一根软线测量导线所需的长度，并流有一定的余量，截取 3 段，如图 4-11 所示。主电路采用 BV1.5mm^2（黑色）；控制电路采用 BV1mm^2（红色）；按钮线采用 BVR0.75mm^2（红色）；接地线采用 BVR1.5mm^2（绿/黄双色线）。

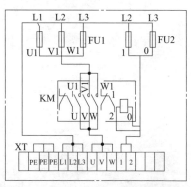

图 4-10　点动正转控制线路的接线图

图 4-11　准备好长度合适的导线

剥削导线绝缘层时，可用电工刀，也可用剥线钳，还可用尖嘴钳，如图 4-12 所示。

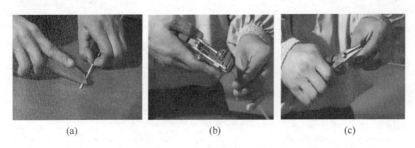

(a) (b) (c)

图 4-12　剥线导线绝缘层的 3 种方法

弯导线时，要先确定导线的走向，再确定弯曲的方向，如图 4-13 所示。

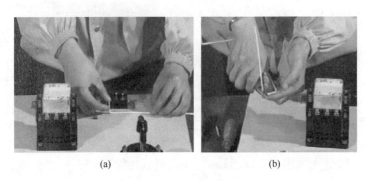

(a) (b)

图 4-13　弯曲导线

先将主电路的导线配完后，再配控制回路的导线，最后接上按钮线。

布线时应符合平直、整齐、紧贴敷设面、走线合理及触点不得松动等要求。具体来说，应注意以下几点。

① 走线通道应尽可能少，同一通道中的沉底导线按主、控

电路分类集中，单层平行密排，并紧贴敷设面，如图 4-14（a）所示。

(a) 单层平行密排

(b) 导线水平架空跨越

(c) 变换走向应垂直

图 4-14

(d) 连接时不压绝缘层、不反圈及不露铜过长

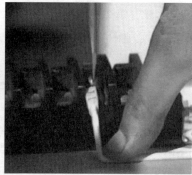

(e) 每节接线端只能连接1根导线

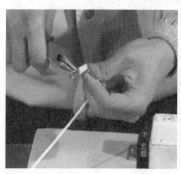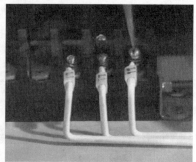

(f) 线头裸露部分应适当

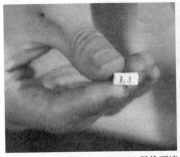

(g) 导线两端都要套编号套管

图 4-14 布鞋线时的注意事项

② 同一平面的导线应高低一致或前后一致，不能交叉。当必须交叉时，该根导线应在接线端子引出时，水平架空跨越，但必须走线合理，如图 4-14 (b) 所示。

③ 本线应横平竖直，变换走向应垂直，如图 4-14 (c) 所示。

④ 导线与接线端子或线框连接时，应不压绝缘层、不反圈及不露铜过长。并做到同一元件、同一回路的不同触点的导线间距离保持一致，如图 4-14 (d) 所示。

⑤ 一个元件接线端子上的连接导线不得超过两根，每节接线端子板上的连接导线一般只允许连接 1 根，如图 4-14 (e) 所示。

⑥ 布线时，严禁损伤线芯和导线绝缘。导线裸露部分应适当，如图 4-14 (f) 所示。

⑦ 为方便维修，每一根导线的两端都要套上编号套管，如图 4-14 (g) 所示。

⑥ 检查布线 根据电路图，检查控制板布线的正确性，如图 4-15 所示。

⑦ 连接导线 连接电源、电动机等控制板外部的导线，如图 4-16 所示。

图 4-15　已经安装完成的控制电路板

(a) 连接电源

(b) 电动机接线

图 4-16　完成电源和电动机接线

⑧ 自检　安装完毕后的控制线路板，必须经过认真检查后，才允许通电试车，以防止错接、漏接造成不能正常运转和短路事故。

a. 按电路图或接线图从电源端开始，逐段核对接线及接线端子处线号是否正确，有无漏接，错接之处。检查导线接点是否符合要求，压接是否牢固。接触应良好，以免带负载运行时产生闪烁现象，以及电动机缺相运行。

b. 用万用表检查线路的通断情况。对控制电路的检查（可断开主电路），可将表笔分别搭在 U11、V11 线端上，读数应为"∞"。按下 SB 时，读数应为接触器线圈的直流电阻值。然后断开控制电路，再检查主电路有无开路或短路现象，此时可用手动来代替接触器通电进行检查。

c. 用兆欧表检查线路的绝缘电阻应不小于 1MΩ。

⑨ 检查无误后通电试车

试车前应检查与通电试车有关的电气设备是否有不安全的因素存

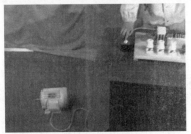

图 4-17　通电试车

在，若检查出应立即整改，然后方能试车，如图 4-17 所示。在通电试车时，要认真执行安全操作规程的有关规定，一人监护，一人操作。

 友情提示

① 电动机及按钮的金属外壳必须可靠接地。接至电动机的导线必须穿在导线通道内加以保护，如图 4-18 所示，或采用四芯橡胶线或塑料护套线进行临时通电试验。

图 4-18　接至电动机的导线

图 4-19　熔断器的接线

② 电源线应接在螺旋式熔断器的下接线座上，出线应接在上接线座上，如图 4-19 所示。

③ 交流接触器一般应安装在垂直面上，倾斜度不得超过 5°；若有散热孔，则应将有孔的放在垂直方向上，以利散热，并按规定留有适当的飞弧空间，以免飞弧烧坏相邻电器。安装和接线时，注意不要将零件失落或掉入接触器内部。安装孔的螺钉应装有弹簧垫圈和平垫圈并拧紧螺钉，以防振动松脱。

④ 安装控制开关及按钮时，若同一设备运动部件有几种不同的工作状态，应使每一对相反状态的按钮安装在一组。

4.2　电动机正转控制电路的安装

4.2.1　电路解说

(1) 电路特点

　　如图 4-20 所示为电动机单向启动控制电路，它是在点动控制线路的基础上，控制线路中串接了一个停止按钮 SB2，在启动按钮 SB1 的两端并接了接触器 KM 的一对动合触点，使电路具有了自锁功能和欠电压、失电压（零电压）保护功能。同时，在主电路中串联了热继电器 FR 的热元件，在辅助电路中串联了热继电器 FR 的动断触点，使电路具有了短路保护和过载保护功能。所以，该电路又称为具有过载保护的接触器自锁正转控制电路。

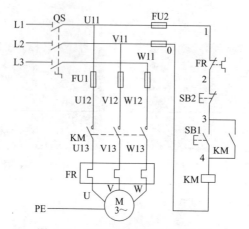

图 4-20　电动机单向启动控制电路

(2) 电路功能解说

　　① 熔断器短路保护功能　由熔断器 FU1、FU2 分别实现主电路和控制电路的短路保护。熔断器的熔体串联在被保护电路中，当电路发生短路或严重过载时，熔体会自动熔断，从而切断电路，达到保护的目的。

② 过载保护功能 熔断器难以实现对电动机的长期过载保护，为此采用热继电器 FR 实现对电动机的长期过载保护。当电动机为额定电流时，电动机为额定温升，热继电器 FR 不动作；在过载电流较小时，热继电器要经过较长时间才动作；过载电流较大时，热继电器很快就会动作。串接在电动机定子电路中的双金属片因过热变形，致使其串接在控制电路中的动断触点断开，切断 KM 线圈电路，电动机停止运转，实现过载保护。

③ 失电压与欠电压保护功能 为了防止电源恢复时电动机启动的保护叫零压或失电压保护。当电动机正常运转时，电源电压大幅度降低会引起电动机转速下降甚至停转。因此需要在电源电压降到一定允许值以下时将电源切断，这就是欠电压保护。利用按钮的自动恢复作用和接触器的自锁作用，可不必加设零压或欠电压保护。在图 4-20 中，当电源电压过低或断电时，接触器 KM 释放，此时接触器 KM 的主触点和辅助触点同时打开，使电动机电源切断并失去自锁。但电源恢复正常时，操作人员必须重新按下启动按钮 SB2，才能使电动机启动。这样，带有自锁环节的电路本身已兼备了零压、欠电压保护功能。

(3) 工作工程

先合上电源开关 QS。

启动：按下启动按钮 SB1→KM 得电→KM 主触点闭合（KM 自锁触点也闭合）→电动机 M 启动，连续运转。

停止：按下启动按钮 SB2→KM 线圈失电→KM 主触点断开（KM 自锁触点也断开）→电动机 M 失电，停止运转。

4.2.2 电路安装

(1) 基本步骤

选用元器件及导线→元器件检查→布线→安装电动机并接线→连接电源→自检→通电试车。

(2) 元件安装及接线

根据图 4-21（a）所示元件布置图安装元器件。

根据图 4-21（b）所示接线图接线。

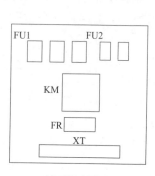

(a) 元件布置图

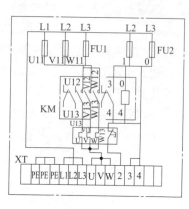

(b) 接线图

图 4-21　元件布置图和接线图

读者可参照点动正转控制线路的步骤及方法进行安装和接线，这里不再重复介绍。

(3) 操作要点

① 热继电器的热元件应串接在主电路中，动断触点应串接在控制电路中，如图 4-22 所示。

② 热继电器的整定电流应按电动机的额定电流自行调整，如图 4-23 所示。绝对不允许弯折双金属片。

图 4-22　热继电器接线

图 4-23　热继电器整定电流设定

③ 热继电器的动作机构在出厂时，触头一般是自动复位，若改为手动复位，对于 JR16 类热继电器，只要将复位螺钉逆时针转动，并稍为拧紧即可，如图 4-24 所示。对于 3UA 系列，出厂时触头一般是手动复位，若需自动复位，只需将旋钮转至"A"（即自动）位置即可。

④ 热继电器因电动机过载动作后，若需再次启动电动机，必须待热元件冷却后，才能使热继电器复位。一般自动复位时间不大于 5min；手动复位时间不大于 2min。

⑤ 热继电器的连接导线过粗或太细会影响热继电器的正常工作。因为连接导线的粗细不同使散热量不同，会影响热继电器的电流热效应。各种规格热继电器的连接导线的选用可按厂家的使用说明或查阅电工手册。

⑥ 接触器 KM 的自锁触点并接在启动按钮 SB1 的两端，停止按钮 SB2 串接在控制电路中，如图 4-25 所示。

图 4-24　调节热继电器　　　　图 4-25　接触器的接线
　　　　复位调节螺钉

【知识窗】

热继电器的质量检查

检查热继电器外观是否完好；检查热元件及其他零件是否良好，有无锈蚀情况；推动复位开关是否灵活，用万用表检查动断、动合触点是否能正常断开；检查热继电器动作电流是否可调等，如

图 4-26 所示。

(a) 外观检查

(b) 检查内部配件

(c) 检查触点能否断开

(d) 检查热元件是否导通

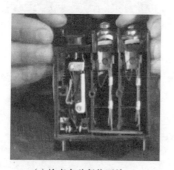

(e) 检查自动复位开关

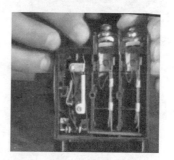

(f) 检查动作电流是否可调

图 4-26　检查热继电器

4.3 电动机正反转控制电路的安装

4.3.1 电路解说

接触器联锁的电动机正反转控制电路如图 4-27 所示。

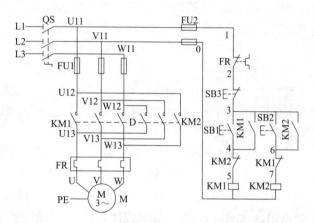

图 4-27 接触器联锁的电动机正反转控制电路

(1) 电路特点

电路中使用了两个接触器。其中，KM1 是正转接触器，KM2 为反转接触器。它们分别由正转按钮 SB1 和反转按钮 SB2 控制。从主电路图中可以看出，这 2 个接触器的主触点所接通的电源相序不同，KM1 按 L1—L2—L3 相序接线，KM2 按 L3—L2—L1 相序接线。相应的控制电路有两条，一条是由按钮 SB1 和 KM1 线圈等组成的正转控制线路；另一条是由按钮 SB2 和 KM2 线圈等组成的反转控制线路。

接触器联锁的电动机正反转控制电路，具备了前面已经介绍过的过载保护自锁控制电路的全部功能，工作安全可靠，但缺点是操作不便。

(2) 联锁原理分析

由于接触器 KM1 和 KM2 的主触点绝对不允许同时闭合，否则将造成两相电源（L1 和 L2）短路事故。为避免两个接触器 KM1 和 KM2 同时得电动作，就在正、反转控制线路中分别串接了对方接触器的一对动断辅助触点。这样，当一个接触器得电动作时，通过其动断辅助触点断开对方的接触器线圈，使另一个接触器不能得电动作，接触器间这种相互制约的作用称为接触器联锁（或互锁）。实现联锁作用的动断辅助触头称为联锁触点（或互锁触点）。

(3) 工作过程

① 正转控制　按下 SB1→KM1 线圈得电→KM1 主触点闭合（同时 KM1 自锁触点闭合；KM1 联锁触点断开，对 KM2 联锁）→电动机 M 启动连续正转。

② 反转控制　先按下 SB3→KM1 线圈失电→KM1 主触点断开（同时 KM1 自锁触点断开接触自锁；KM1 联锁触点闭合，解除对 KM2 联锁）→电动机 M 失电停转；再按下 SB2→KM2 线圈得电→KM2 主触点闭合（同时 KM2 自锁触点闭合；KM2 联锁触点断开，对 KM1 联锁）→电动机 M 启动连续反转。

4.3.2　电路安装

(1) 准备电器元件

按照表 4-3 准备好电器元件，并进行质量检验。电器元件应完好无损，各项技术指标符合技术要求，否则应予以更换。

表 4-3　电器元件表

代号	名称	型号	规格	数量
M	三相异步电动机	Y-112M-4	4kW、380V、△接法	1
QS	组合开关	HZ10-25-3	三极，额定电流 25A	1
FU1	螺旋式熔断器	RL1-60/25	500V、60A 配熔体额定电流 25A	3
FU2	螺旋式熔断器	RL1-15/2	500V、15A 配熔体额定电流 2A	2

续表

代号	名称	型号	规格	数量
KM1、KM2	交流接触器	CJ10-20	20A、线圈电压 380V	1
SB1、SB2、SB3	按钮	LA4-3H	保护式、按钮数 3	1
XT	端子排	JX2-1015	10A、15 节	1
FR	热继电器	JR16-20/3	三极、20A	1
	配电板		650mm×500mm×50mm	1

（2）安装电器元件

元件布置图，如图 4-28（a）所示。根据布置图安装所有电器元件，如图 4-28（b）所示。

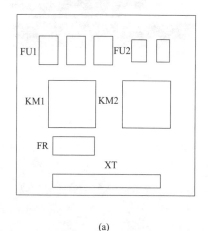

(a)

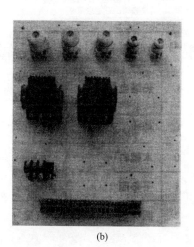

(b)

图 4-28　元件布置图和安装图

在元件安装时，组合开关、熔断器的受电端子安装在控制板的外侧；元件排列要整齐、匀称，间距合理，且便于元件的更换，紧固元件时用力要均匀，紧固程度适当，做到既要使元件安装牢固，又不使元件损坏。

（3）接线

根据如图 4-29（a）所示的接线图进线接线，安装好的控制板如图 4-29（b）所示。

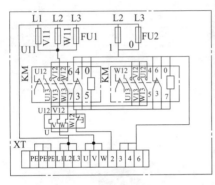

(a)　　　　　　　　　　　(b)

图 4-29　接触器联锁的电动机正反转控制电路接线图

友情提示

在接线时，主要注意以下几点。

① 布线时要符合电气原理图，先将主电路的导线配完后，再配控制回路的导线。要求布线横平竖直、整齐，分布均匀、紧贴安装面、走线合理；套编号套管要正确；严禁损伤线芯和导线绝缘；接点牢靠，不得松动，不得压绝缘层，不反圈及不露铜过长等。

② 走线通道应尽可能少，同一通道中的沉底导线，按主、控电路分类集中，单层平行密排，并紧贴敷设面。

③ 同一平面的导线应高低一致或前后一致，不能交叉。当必须交叉时，该根导线应在接线端子引出时，水平架空跨越，但必须属于走线合理。

④ 一个电器元件接线端子上的连接导线不得超过 2 根，每节接线端子板上的连接导线一般只允许连接 1 根。

⑤ 接触器联锁触点的接线必须正确，否则将会造成主电路中两相电源短路事故，如图 4-30 所示。

图 4-30 接触器联锁触点的接线　　图 4-31 连接控制板外部的接线

（4）安装电动机

电动机要安装平稳、牢固，以防止在换向时产生滚动而引起事故。可靠连接电动机接线盒的电源线，连接好按钮金属外壳的保护接地线。

（5）接线

连接电源、电动机等控制板外部的接线。导线要敷设在导线通道内，或采用绝缘良好的橡胶线进行通电试机，如图 4-31 所示。

（6）自检

安装完毕的控制线路板，必须按要求进行认真检查，确保无误后才允许通电试车。

（7）通电试车

接通电源，合上电源开关 QS。先进行正转试验，停止运行后，再进行反转试验。若操作中发现有不正常现象，应断开电源，分析排除故障后重新操作。

4.4 Y-△降压启动控制电路的安装

4.4.1 电路解说

Y-△降压启动是指电动机启动时，把定子绕组接成 Y 形，以降低启动电压，限制启动电流。待电动机启动后，再把定子绕组改接成△形，使电动机全压运行。凡是在正常运行时定子绕组为△形连接的异步电动机，均可采用这种降压启动方法。值得注意的是，这种降压启动方法，只适用于电动机轻载或空载下启动。

时间继电器控制的 Y-△降压启动电路如图 4-32 所示。

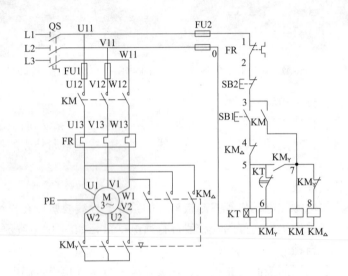

图 4-32　时间继电器控制的 Y-△降压启动电路

(1) 电路特点

该线路由 3 个接触器、1 个热继电器、1 个时间继电器和 2 个按钮组成。时间继电器 KT 用于控制 Y 形降压启动时间和完成 Y-△自动切换。

(2) 工作过程

① 先合上电源开关 QS。

② 电动机 Y 形降压启动。按下 SB1→KM_Y 线圈得电→KM_Y 主触点闭合［同时 KM_Y 联锁触点断开，对 $KM_\triangle$ 联锁；KM_Y 动合触点闭合→KM 线圈得电→KM 主触点闭合（KM 自锁触点闭合自

锁）]→电动机 M 连接成 Y 形降压启动。

③ 电动机△形全压运行。按下 SB1 后→KT 线圈也得电→（通过时间整定，当 M 转速上升到一定值时 KT 延时结束）KT 动断触点断开→KM$_Y$ 线圈失电→KM$_Y$ 主触点断开解除 Y 形连接（同时 KM$_Y$ 动合触点断开）；KM$_Y$ 联锁触点闭合→KM$_\triangle$ 线圈得电→KM$_\triangle$ 主触点闭合→电动机 M 连接成△形全压运行。KM$_\triangle$ 线圈得电的同时→KM$_\triangle$ 联锁触点断开→对 KM$_Y$ 联锁（KT 线圈失电→KT 动断触点瞬时闭合）。

④ 停止时，按下 SB2 即可。

 友情提示

  三相异步电动机启动时，加在电动机定子绕组上的电压为电动机的额定电压，属于全压启动，也称直接启动。三相异步电动机直接启动时，启动电流一般为额定电流的 4~7 倍。在电源变压器容量不够大而电动机功率较大的情况下，直接启动将导致电源变压器输出电压下降，不仅减小电动机本身的启动转矩，而且会影响同一供电线路中其他电气设备的正常工作。因此，较大容量的电动机需要采用降压启动。

  降压启动是指利用启动设备将电压适当降低后加到电动机定子绕组上进行启动，待电动机启动运转后，再使其电压恢复到额定值正常运转，由于电流随电压的降低而减小，所以降压启动达到了减小启动电流之目的。因此，降压启动需要在空载或轻载下启动。

  通常规定：电源容量在 180kV·A 以上，电动机容量在 7kW 以下的三相异步电动机可采用直接启动。凡不满足直接启动条件的，均须采用降压启动。

  常见的降压启动方法有 4 种：定子绕组串接电阻降压启动、自耦变压器(补偿器)降压启动、Y-△降压启动和延边三角形降压启动。

4.4.2 电路安装

(1) 控制线路的安装

该线路控制电路安装的操作步骤与前面介绍的基本相同，这里就不再详细阐述。安装完成后的控制板如图 4-33 所示。

(2) 主电路的安装

相对来说，该电路主回路的接线比较复杂，可按图 4-34 所示的方法进行接线，接线步骤如下。

图 4-33　Y-△降压启动控制电路安装

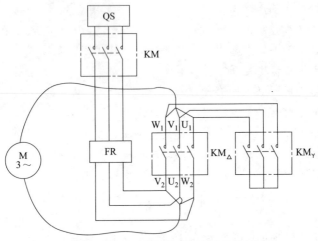

图 4-34　Y-△降压启动主电路的接线

①　用万用表判别出电动机的三相绕组，并判断清楚每个绕组线圈的首尾端。每个绕组有 2 个端子，可设为：U1、U2，V1、V2 和 W1、W2。

②　按图 4-34 所示将电动机的 6 条引线分别接到 KM△ 的主触点上。

③ 从 W1、V1、U1 分别引出一条线，将这 3 条线不分相序地接到 KM$_Y$ 主触点的 3 条进线处，并将 KM$_Y$ 主触点的 3 条出线短接在一起。

④ 从 V2、U2、W2 分别引出一条线，将这 3 条线不分相序地接到 FR 的 3 条出线处，然后将主电路的其他线按图 4-34 进行连接。

⑤ 主电路接好后，用万用表 $R \times 100\Omega$ 挡分别测 KM$_\triangle$ 的 3 个主触点对应的进出线处的电阻。若电阻为无穷大，则正确；若其电阻不为无穷大（而为电动机绕组的电阻值），则三角形的接线有错误。

 友情提示

Y-△降压启动控制电路线路接线注意事项如下。

① 用 Y-△降压启动控制的电动机，必须有 6 个出线端子，且定子绕组在△连接时的额定电压等于三相电源线电压。

② 接线时要保证电动机△形连接的正确性，即接触器 KM$_Y$ 主触点闭合时，应保证定子绕组的 U1 与 W2、V1 与 U2、W1 与 V2 相连接。

③ 接触器 KM$_Y$ 的进线必须从三相定子绕组的末端引入，若误将其前端引入，则在吸合时，会产生三相电源短路事故。

(3) 通电试车

① 合上电源开关 QS，接通电源。

② 启动试验。按下启动按钮 SB1，进行电动机启动运行试验；观察线路和电动机运行有无异常现象，并仔细观察时间继电器和电动机控制电器的动作情况以及电动机的运行情况。

③ 功能试验。做 Y-△转换启动控制和保护功能的控制试验，如失压保护、过载保护和启动时间等。

④ 停止运行。按下停止按钮 SB2，电动机 M 停止运行。

若操作中发现有不正常现象，应断开电源分析排除后重新操作。

第5章

电动机应用技能

5.1 常用电动机简介

5.1.1 电动机的作用及类型

(1) 电动机的作用

电动机是把电能转换成机械能的一种设备，它是利用通电线圈在磁场中受力转动的原理制成的，它把输入的电能转变成机械能而输出，送到各种用电器或生产机械上，通过电动机拖动生产机械或用电器运行。也就是说，电动机的主要作用是产生驱动力矩，作为用电器或机械设备的动力源。

(2) 电动机的分类

电动机是目前应用最广泛的机电设备，电动机的分类见表5-1。电力系统中的电动机大部分是交流电动机，可以是同步电动机或者是异步电动机（电机定子磁场转速与转子旋转转速不保持同步速）。

表5-1 电动机的分类

分类方法	种 类		
按工作电源分	直流电动机	有刷直流电动机	永磁直流电动机
			电磁直流电动机
		无刷直流电动机	稀土永磁直流电动机
			铁氧体永磁直流电动机
			铝镍钴永磁直流电动机

续表

分类方法	种 类		
按工作电源分	交流电动机	单相电动机	单相电阻启动异步电动机 单相电容启动异步电动机 单相电容运转异步电动机 单相电容启动和运转异步电动机 单相罩极式异步电动机
		三相电动机	三相笼形异步电动机 三相绕线型异步电动机
按结构及工作原理分	同步电动机	永磁同步电动机 磁阻同步电动机 磁滞同步电动机	
	异步电动机	感应电动机	三相异步电动机 单相异步电动机 罩极异步电动机
		交流换向器电动机	单相串励电动机 交直流两用电动机 推斥电动机
按用途分	驱动用电动机	电动工具用电动机(包括钻孔、抛光、磨光、开槽、切割、扩孔等工具用电动机)	
		家电用电动机(包括洗衣机、电风扇、电冰箱、空调器等电动机)	
	控制用电动机	其他通用小型机械设备(包括各种小型机床、小型机械、医疗器械、电子仪器等用电动机) 步进电动机 伺服电动机	
按转子结构分	笼形感应电动机 绕线转子感应电动机 高速电动机		
按运转速度分	低速电动机	齿轮减速电动机 电磁减速电动机 力矩电动机 爪极同步电动机	
	恒速电动机		
	调速电动机	有级恒速电动机 无级恒速电动机 有级变速电动机 无级变速电动机 电磁调速电动机 直流调速电动机 PWM变频调速电动机 开关磁阻调速电动机	

(3) 单相异步电动机的种类

单相异步电动机种类很多，在家用电器中使用的单相异步电动机按照启动和运行分类，基本上只有两大类六种，见表5-2。这些电动机的结构虽有差别，但是其基本工作原理是相同的。

表5-2　家用电器中使用的单相异步电动机

种类		实物图	结构图或原理图	结构特点
单相罩极式电动机	凸极式罩极单相电动机		S　I　U1绕组 U　I_U　Z1　启动绕组 U2　Z2 I_Z　C	单相罩极式电动机的转子仍为笼形，定子有凸极式和隐极式两种，原理完全相同。一般采用结构简单的凸极式
	隐极式罩极单相电动机			
分相式单相异步电动机	电阻启动单相异步电动机		i $\dot{U}$　i_1　1　S 2　i_2	单相分相式异步电动机在定子上除了装有单相主绕组外，还装了一个启动绕组，这两个绕组在空间成90°电角度，启动时两绕组虽然接到同一个单相电源上，但可设法使两绕组电流不同相，这样两个空间位置正交的绕组通以时间上不同相的电流，在气隙中就能产生一个合成旋转磁场。启动结束，使启动绕组断开即可
	电容启动单相异步电动机		S C A i_B　i_A B	

续表

种类	实物图	结构图或原理图	结构特点
分相式单相异步电动机	电容运转式单相异步电动机		单相分式异步电动机在定子上除了装有单相主绕组外，还装了一个启动绕组，这两个绕组在空间成90°电角度，启动时两绕组虽然接到同一个单相电源上，但可设法使两绕组电流不同相，这样两个空间位置正交的绕组通以时间上不同相的电流，在气隙中就能产生一个合成旋转磁场。启动结束，使启动绕组断开即可
	电容启动和运转单相异步电动机		

（4）三相交流电动机的种类

三相交流异步电动机的种类见表5-3。

表5-3 三相交流异步电动机的种类

电动机种类			主要性能特点	典型生产机械举例
异步电动机	笼式	普通笼式	机械特性硬，启动转矩不大，调速时需要调速设备	调试性能要求不高的各种机床、水泵、通风机等
		高启动转矩	启动转矩大	带冲击性负载的机械，如剪床、冲床、锻压机；静止负载或惯性负载较大的机械，如压缩机、粉碎机、小型起重机等
		多速	有2~4挡转速	要求有级调速的机床、电梯、冷却塔等
	绕线式		较小的启动电流、较大的启动转矩和较好的调速能力	输送机、正压排量式旋转或往复泵和压缩机、吊车、起重机等
同步电动机			转速不随负载变化，功率因数可调节	大型机械，如轧钢机、鼓风机、球磨机等

(5) 直流电机的种类

直流电动机按励磁方式可分为：他励式、自励式。在自励式电机中，按励磁绕组接入方式分为：并励式、串励式、复励式三种。复励式又分为：积复励和差复励两种。

直流电机的励磁方式不同，其运行特性和适用场合也不同，见表 5-4。

表 5-4　直流电机的分类及应用

种类	结构说明	图示	主要性能特点	典型应用
他励直流电机	励磁绕组由其他直流电源供电，与电枢绕组之间没有电的联系。永磁直流电机也属于他励直流电机，因其励磁磁场与电枢电流无关		机械特性硬、启动转矩大、调速范围宽、平滑性好	调速性能要求高的生产机械，如大型机床（车、铣、刨、磨、镗）、高精度车床、可逆轧钢机、造纸机、印刷机等
并励直流电机	励磁电压等于电枢绕组端电压，励磁绕组的导线细而匝数多。励磁绕组与电枢绕组并联			
串励直流电机	励磁电流等于电枢电流，励磁绕组的导线粗而匝数较少。励磁绕组与电枢绕组串联		机械特性软、启动转矩大、过载能力强、调速方便	要求启动转矩大、机械特性软的机械，如电车、电气机车、起重机、吊车、卷扬机、电梯等

续表

种类	结构说明	图示	主要性能特点	典型应用
复励直流电机	每个主磁极上套有两套励磁磁绕组,一个与电枢绕组并联,称为并励绕组。一个与电枢绕组串联,称为串励绕组。两个绕组产生的磁动势方向相同时称为积复励,两个磁势方向相反时称为差复励,通常采用积复励方式	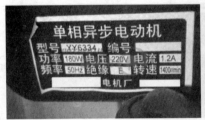	机械特性硬度适中、启动转矩大、调速方便	要求启动转矩大、机械特性软的机械,如电车、电气机车、起重机、吊车、卷扬机、电梯等

5.1.2 电动机的铭牌及结构

(1) 电动机的铭牌及含义

电动机铭牌如图 5-1 所示,其铭牌数据及额定值的含义见表 5-5。

图 5-1 电动机的铭牌示例

表 5-5 电动机铭牌数据及额定值的含义

项 目	含 义
型号	表示电动机的系列品种、性能、防护结构形式、转子类型等产品代号
功率	表示额定运行时电动机轴上输出的额定机械功率,单位 kW
电压	直接加到定子绕组上的线电压(V),电机有 Y 形和△形两种接法,其接法应与电机铭牌规定的接法相符,以保证与额定电压相适应
电流	电动机在额定电压和额定频率下,并输出额定功率时定子绕组的三相线电流

续表

项 目	含 义
频率	指电动机所接交流电源的频率,我国规定为 50Hz±1Hz
转速	电动机在额定电压、额定频率、额定负载下,电动机每分钟的转速(r/min);例如2极电机的同步转速为 2880r/min
工作定额	指电动机运行的持续时间
绝缘等级	电动机绝缘材料的等级,决定电机的允许温升
标准编号	表示设计电机的技术文件依据
励磁电压	指同步电机在额定工作时的励磁电压(V)
励磁电流	指同步电机在额定工作时的励磁电流(A)

(2) 单相异步电动机的基本结构

在单相异步电动机中,专用电机占有很大比例,它们的结构各有特点,形式繁多。但就其共性而言,单相异步电动机的基本结构都由固定部分(定子)、转动部分(转子)、支撑部分(端盖和轴承等)三大部分组成,如图 5-2 所示。

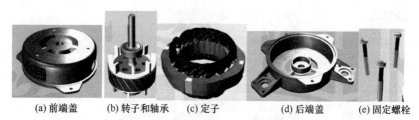

(a) 前端盖　　(b) 转子和轴承　　(c) 定子　　　　(d) 后端盖　　(e) 固定螺栓

图 5-2　单相异步电动机的内部结构

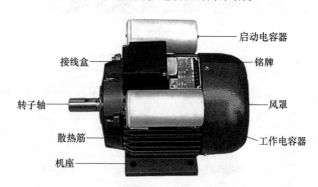

图 5-3　单相异步电动机的外部结构

单相异步电动机的外部结构如图 5-3 所示，主要有机座、铁芯、绕组、端盖、轴承、离心开关或启动继电器和 PTC 启动器、铭牌等，见表 5-6。

表 5-6 单相异步电动机各组成部分的作用

名称	组成及作用
机座	机座结构因电动机的冷却方式、防护形式、安装方式和用途而不同。按其材料分类，有铸铁、铸铝和钢板结构 3 种。 铸铁机座，带有散热筋。铸铝机座一般不带有散热筋。钢板结构机座，通常由厚为 1.5～2.5mm 的薄钢板卷制、焊接而成，再焊上钢板冲压件的底脚。 有的专用电动机的机座相当特殊，如电冰箱的电动机，它通常与压缩机一起装在一个密封的罐里。而洗衣机的电动机，包括甩干机的电动机，均无机座，端盖直接固定在定子铁芯上
铁芯	包括定子铁芯和转子铁芯，其作用是用来构成电动机的磁路
绕组	单相异步电动机定子绕组常做成两相：主绕组（工作绕组）和副绕组（启动绕组）。两种绕组的中轴线错开一定的电角度，目的是为了改善启动性能和运行性能。 定子绕组多采用高强度聚酯漆包线绕制。转子绕组一般采用笼形绕组，常用铝压铸而成
端盖	对应于不同的机座材料，端盖也有铸铁件、铸铝件和钢板冲压件
轴承	轴承有滚珠轴承和含油轴承两大类，如图 5-4 所示
离心开关	在单相异步电动机中，除了电容运转电动机外，在启动过程中，当转子转速达到同步转速的 70% 左右时，常借助于离心开关（如图 5-5 所示），切除单相电阻启动异步电动机和电容启动异步电动机的启动绕组，或切除电容启动及运转异步电动机的启动电容器。离心开关一般安装在轴承端盖的内侧
启动继电器	有些电动机，如电冰箱电动机，由于它与压缩机组装在一起，并放置在密封的罐里，不便于安装离心开关，就用启动继电器代替。如图 5-6 所示，继电器的吸铁线圈串联在主绕组回路中，启动时，主绕组电流很大，衔铁动作，使串联在副绕组回路中的动合触点闭合。于是副绕组接通，电动机处于两相绕组运行状态。随着转子转速上升，主绕组电流不断下降，吸引线圈的吸力下降。当到达一定的转速，电磁铁的吸力小于触点的反作用弹簧的拉力，触点被打开，副绕组就脱离电源

续表

名称	组成及作用
PTC启动器	最新式电动机启动元件是"PTC"热敏电阻,这是一种新型的半导体元件,可用作延时型启动开关,如图5-7所示。使用时将PTC元件与电容启动或电阻启动电机的副绕组串联。在启动初期,因PTC热敏电阻尚未发热,阻值很低,副绕组处于通路状态,电机开始启动。随着时间的推移,电机的转速不断增加,PTC元件的温度上升,电阻剧增,此时的副绕组电路相当于断开。当电机停止运行后,PTC元件温度不断下降,2~3min后可以重新启动
铭牌	单相异步电动机的铭牌标注的项目有:电机名称、型号、标准编号、制造厂名、出厂编号、额定电压、额定功率、额定电流、额定转速、绕组接法、绝缘等级等

(a) 滚珠轴承　　　　　　　　(b) 含油轴承

图 5-4　轴承

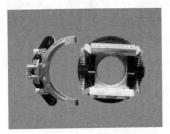

图 5-5　离心开关

图 5-6　重锤式启动继电器

图 5-7　PTC启动继电器

（3）三相电动机的基本结构

虽然三相异步电动机的种类较多，例如绕线式电动机、笼形电动机等，但其主要结构都离不开以下三个部分。

① 磁路部分　包括定子铁芯和转子铁芯。

定子铁芯：由 0.35～0.5mm 厚表面涂有绝缘漆的薄硅钢片叠压而成，减少了由于交变磁通通过而引起的铁芯涡流损耗。铁芯内圆有均匀分布的槽口，用来嵌放定子绕圈。

转子铁芯：用 0.5mm 厚的硅钢片叠压而成，套在转轴上，作用和定子铁芯相同，一方面作为电动机磁路的一部分，另一方面用来安放转子绕组。

② 电路部分　包括定子绕组和转子绕组。

定子绕组：三相绕组由三个彼此独立的绕组组成，且每个绕组又由若干线圈连接而成。线圈由绝缘铜导线或绝缘铝导线绕制。

笼形电动机转子的绕组是在铁芯槽内放置铜条，铜条的两端用短路环焊接起来。为了简化制造工艺，小容量异步电动机的笼形转子都是熔化的铝浇铸在槽内而成，称为铸铝转子。在浇铸的同时，把转子的短路环和端部的冷却风扇也一样用铝铸成。

绕线型转子绕组和定子绕组一样，也是一个用绝缘导线绕成的三相对称绕组，被嵌放在转子铁芯槽中，接成星形。绕组的三个出

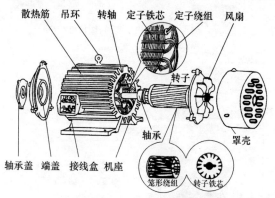

图 5-8　三相异步电动机的基本结构

线端分别接到转轴端部的三个彼此绝缘的铜制滑环上。通过滑环与支持在端盖上的电刷构成滑动接触，把转子绕组的三个出线端引到机座上的接线盒内，以便与外部变阻器连接，故绕线式转子又称滑环式转子。

③ 机械部分　包括机座、端子、轴和轴承等。

三相异步电动机的基本结构如图 5-8 所示。

三相异步电动机各个部件的作用，见表 5-7。

表 5-7　三相异步电动机各个部件的作用

名称	实物图	作用
散热筋片		向外部传导热量
机座		固定电动机
接线盒		电动机绕组与外部电源连接
铭牌		介绍电动机的类型、主要性能、技术指标和使用条件
吊环		用来起吊、搬抬电动机
定子		通入三相交流电源时产生旋转磁场
转子		在定子旋转磁场感应下产生电磁转矩，沿着旋转磁场方向转动，并输出动力带动生产机械运转

续表

名称	实 物 图	作 用
前、后端盖		把转子固定在定子内腔中心,使转子能够在定子中均匀地旋转
轴承盖		固定转子,使转子不能轴向移动;同时起存放润滑油和保护轴承的作用
轴承		保证电动机高速运转并处在中心位置的部件
风罩、风叶		冷却、防尘和安全保护

5.2 电动机的拆装

5.2.1 电动机的拆卸

(1) 准备工作

① 备齐拆装工具,如拉钩、油盘、活扳手、榔头、螺丝刀、紫铜棒、钢套筒和毛刷等工具,特别是要准备好拉钩、套筒、铜棒等专用工具。

② 选好电动机拆装的合适地点,并事先清洁和整理好现场环境。

③ 做好标记,如标出电源线在接线盒中的相序,标出联轴器或皮带轮与轴台的距离,标出端盖、轴承、轴承盖和机座的负荷端与非负荷端,标出机座在基础上的准确位置,标出绕组引出线在机座上的出口方向。

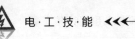

④ 拆除电源线和保护接地线。

⑤ 拆下地脚螺母，将电动机拆离基础并运至解体现场，若机座与基础之间有垫片，应做好记录并妥善保存。

(2) 电动机的拆卸步骤及方法

拆卸电动机时，一般按照表 5-8 所示步骤及方法进行。

表 5-8 三相异步电动机拆卸步骤及方法

步骤	方　法	图　示
1	切断电源，卸下皮带	(1)
2	拆去接线盒内的电源接线和接地线	(2)
3	卸下地脚螺母、弹簧垫圈和平垫片	(3)
4	卸下皮带轮	(4)
5	卸下前轴承外盖	(5)

续表

步骤	方　　法	图　　示
6	卸下前端盖	(6)
7	卸下风叶罩	(7)
8	卸下风叶	(8)
9	卸下后轴承外盖	(9)
10	卸下后端盖	(10)
11	卸下转子	(11)
12	用拉具拆卸前后轴承及轴承内盖	(12)

友情提示

　　对一般中、小型电动机，只拆除风叶罩、风叶、前轴承外盖和前端盖，而后轴承外盖、后端盖连同前后轴承、轴承内盖及转子一起抽出即可。

(3) 拆卸联轴器或皮带轮

拆卸联轴器或皮带轮的步骤及方法见表5-9。

表5-9　拆卸联轴器或皮带轮的步骤及方法

步骤	方　　法	图　　示
1	用记号笔标示皮带轮或联轴器的正反面，以免安装时装反	(1)
2	用尺子量一下皮带轮或联轴器在轴上的位置，记住皮带轮或联轴器与前端盖之间的距离	(2)
3	旋下压紧螺栓或取下销子	(3)
4	在螺栓孔内注入煤油	(4)
5	装上拉具，拉具有两脚和三脚，各脚之间的距离要调整好	(5)

步骤	方 法	图 示
6	拉具的丝杆顶端要对准电动机轴的中心,转动丝杆,使皮带轮或联轴器慢慢地脱离转轴	(6)

友情提示

在拆卸联轴器或皮带轮时,应注意以下事项。

① 如果皮带轮或联轴器一时拉不下来,切忌硬卸,可在定位螺栓孔内注入煤油或松动剂,等待几小时以后再拉。若还拉不下来,可用喷灯将皮带轮或联轴器四周加热,加热的温度不宜太高,要防止轴变形。

② 在拆卸过程中,不能用手锤直接敲出皮带轮或联轴器,以免皮带轮或联轴器碎裂、轴变形、荷盖等受损。

(4) 拆卸轴承盖和端盖

拆卸轴承外盖的方法比较简单,只要旋下固定轴承盖的螺栓,就可把外盖取下,如图5-9所示。

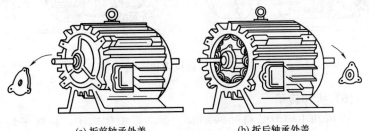

(a) 拆前轴承外盖　　　　　(b) 拆后轴承外盖

图5-9　拆前、后轴承外盖

拆卸端盖前,应在机壳与端盖接缝处做好标记。然后旋下固定端盖的螺栓。通常端盖上都有两个拆卸螺孔,用从端盖上拆下的螺栓旋进拆卸螺孔，就能将端盖逐步顶出来。

若没有拆卸螺孔，可用大小适宜的扁凿，插在端盖突出的耳朵处，按端盖对角线依次向外撬，直至卸下端盖。

图 5-10　在端盖标上对正记号

但要注意，前后两个端盖拆下后要标上记号，如图 5-10 所示，以免将来安装时前后装错。

(5) 拆卸风罩和风叶

风罩和风叶的拆卸步骤如下。

① 选择适当的旋具，旋出风罩与机壳的固定螺栓，即可取下风罩。

② 将转轴尾部风叶上的定位螺栓或销子拧下，用小锤在风叶四周轻轻地均匀敲打，风叶就可取下，如图 5-11 所示。若是小型电动机，则风叶通常不必拆下，可随转子一起抽出。

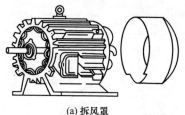　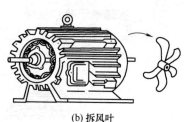

(a) 拆风罩　　　　　　　　　　　(b) 拆风叶

图 5-11　拆风罩和风叶

(6) 拆卸转子

① 拆卸小型电动机的转子时，要一手握住转子，把转子拉出一些，随后用另一只手托住转子铁芯渐渐往外移，如图 5-12 所示。要注意，不能碰伤定子绕组。

② 拆卸中型电动机的转子时，要一人抬住转轴的一端，另一人抬住转轴的另一端，渐渐地把转子往外移，如图 5-13 所示。

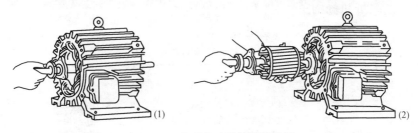

图 5-12　小型电动机转子的拆卸

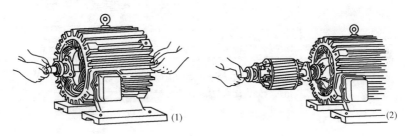

图 5-13　中型电动机转子的拆卸

③ 拆卸大型电动机的转子时，要用起重设备分段吊出转子。具体方法如下。

a. 用钢丝绳套住转子两端的轴颈，并在钢丝绳与轴颈之间衬一层纸板或棉纱头。

b. 起吊转子，当转子的重心移出定子时，在定子与转子的间隙中塞入纸板垫衬，并在转子移出的轴端垫支架或木块搁住转子。

c. 将钢丝绳改吊转子，在钢丝绳与转子之间塞入纸板垫衬，如图 5-14 所示。就可以把转子全部吊出。

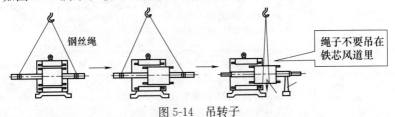

图 5-14　吊转子

(7) 拆卸轴承

拆卸轴承的几种方法见表5-10。

表5-10 拆卸轴承的几种方法

序号	方 法	操作说明	图 示
1	用拉具拆卸	根据轴承的大小,选好适宜的拉力器,夹住轴承,拉力器的脚爪应紧扣在轴承的内圈上,拉力器的丝杆顶点要对准转子轴的中心,扳转丝杆要慢,用力要均	
2	用铜棒拆卸	轴承的内圈垫上铜棒,用手锤敲打铜棒,把轴承敲出。 敲打时,要在轴承内圈四周的相对两侧轮流均匀敲打,不可偏敲一边,用力不要过猛	
3	搁在圆桶上拆卸	在轴承的内圆下面用两块铁板夹住,搁在一只内径略大于转子外径的圆桶上面,在轴的端面垫上块,用手锤敲打,着力点对准轴的中心。 应在圆桶内放一些棉纱头,以防轴承脱下时摔坏转子。当敲到轴承逐渐松动时,用力要减弱	
4	轴承在端盖内的拆卸	在拆卸电动机时,若遇到轴承留在端盖的轴承孔内时,可把端盖止口面朝上,平滑地搁在两块铁板上,垫上一段直径小于轴承外径的金属棒,用手锤沿轴承外圈敲打金属棒,将轴承敲出	
5	加热拆卸	因轴承装配过紧或轴承氧化不易拆卸时,可用100℃左右的机油淋浇在轴承内圈上,趁热用上述方法拆卸	—

5.2.2 电动机的组装

(1) 准备工作

① 检查装配工具是否齐备、适用；检查装配环境、场地是否清洁、合适。

② 彻底清扫定子、转子内表面的尘垢、漆瘤，用灯光检查气隙、通风沟、止口处和其他空隙有无杂物；如有，必须清除干净。

③ 检查槽楔、绑扎带和绝缘材料是否到位，是否有松动、脱落，有无高出定子铁芯表面的地方；如有，应清除掉。

④ 检查各相定子绕组的冷态直流电阻是否基本相同，各相绕组对地绝缘电阻和相间绝缘电阻是否符合要求。

⑤ 装配步骤，原则上与拆卸步骤相反。

(2) 安装皮带轮或联轴器

安装皮带轮或联轴器的步骤及方法及表 5-11。

表 5-11　安装皮带轮或联轴器的步骤及方法

步骤	方　　法	图示
1	取一块细纱纸卷在圆锉或圆木棍上，把皮带轮或联轴器的轴孔打磨光滑	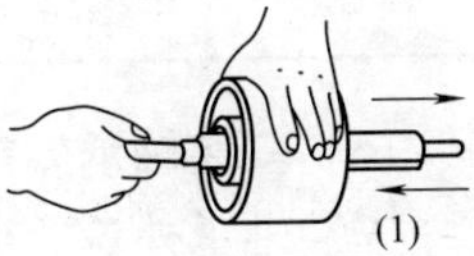 (1)
2	用细纱纸把转轴的表面打磨光滑	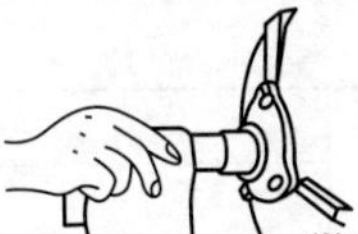 (2)
3	对准键槽，把皮带轮或联轴器套在转轴上	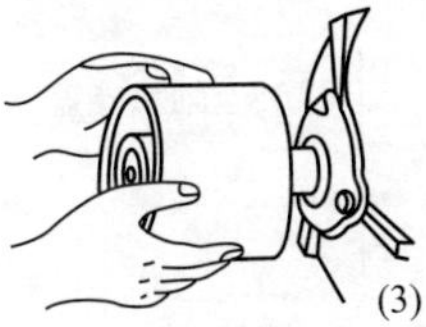 (3)

步骤	方　　法	图　　示
4	调整皮带轮或联轴器与转轴之间的键槽位置	(4)
5	用铁板垫在键的一端,轻轻敲打,使键慢慢进入槽内。 键在槽里要松紧适宜,太紧会损伤键和键槽,太松会使电动机运转时打滑,损伤键和键槽	(5)
6	拧紧压紧螺钉	(6)

（3）安装轴承外盖

安装轴承外盖的步骤及方法见表 5-12。

表 5-12　安装轴承外盖的步骤及方法

步骤	方　　法	图　　示
1	装上轴承外盖	(1)

步骤	方　　法	图　　示
2	插上一颗螺栓,用一只手顶住螺栓,另一只手转动转轴,使轴承的内盖也跟着转动,当转到轴承内外盖的螺栓孔一致时,把螺栓顶入内盖的螺栓孔里,并拧紧	 (2)
3	把其余两个螺栓也装上,拧紧	 (3)

(4) 安装端盖

安装端盖的步骤及方法见表 5-13。

表 5-13　安装端盖的步骤及方法

步骤	方　　法	图　　示
1	铲去端盖口的脏物	 (1)
2	铲去机壳口的脏物,再对准机壳上的螺栓孔把端盖装	 (2)

步骤	方　法	图　示
3	插上一对螺栓,按对角线先后把螺栓拧紧	(3)
4	插上另一对螺栓,用同样的方法先后把螺栓拧紧。 注意:切不可有松有紧,以免损伤端盖	(4)

 友情提示

在固定端盖螺栓时,不可一次将一边端盖拧紧,应将另一边端盖装上后,两边同时拧紧。要随时转动转子,看其是否能灵活转动,以免装配后电动机旋转困难。

(5) 安装转子

转子的安装是转子拆卸的逆过程。安装时,要对准定子中心把转子小心地往里送。要注意,不能碰伤定子绕组。

(6) 安装轴承

① 安装轴承前的准备工作

a. 将轴承和轴承盖用煤油清洗后,检查轴承有无裂纹,滚道内有无锈迹等。

b. 用手旋转轴承外圈,观察其转动是否灵活、均匀。根据实际情况来决定轴承是否要更换。

c. 如不需要更换,再将轴承用汽油洗干净,用清洁的布擦干待装。

d. 更换新轴承时,应将其放在 70～80℃ 的变压器油中,加热 5min 左右,待全部防锈油溶去后,再用汽油洗净,用洁净的布擦干待装。

② 安装轴承常用的几种方法,见表 5-14。

表 5-14　安装轴承常用的几种方法

序号	方法	操作说明	图　　　示
1	敲打法	把轴承套到轴上,对准轴颈,用一段铁管,其内径略大于轴颈直径,外径略大于轴承内圈的外径,铁管的一端顶在轴承的内圈上,用手锤敲铁管的另一端,把轴承敲进去	
		如果没有铁管,也可用铁条顶住轴承的内圈,对称地、轻轻地敲,轴承也能水平地套入转轴	
2	热装法	如配合度较紧,为了避免把轴承内环胀裂或损伤配合面,可采用热装法。 首先将轴承放在油锅(或油槽内)里加热,油的温度保持在 100℃ 左右,轴承必须浸没在油中,又不能和锅底接触,可用铁丝将轴承吊起架空。 加热要均匀,30～40min 后,把轴承取出,趁热迅速地将轴承一直推到轴颈	
		在条件所限情况下,可将轴承放在 100W 灯泡上烤热,1h 后即可套在轴上	

(7) 电动机装配完工后的检验

① 检查机械部分的装配质量，包括检查所有紧固螺栓是否拧紧，转子转动是否灵活，有无扫膛、有无松旷现象；轴承内是否有杂声；机座在基础上是否复位准确，安装牢固，与生产机械的配合是否良好。

② 检测三相绕组每相的对地绝缘电阻和相间绝缘电阻，其阻值不得小于 0.5MΩ。

③ 按铭牌要求接好电源线，在机壳上接好保护接地线；接通电源，用钳形电流表检测三相空载电流，看是否符合允许值。

④ 听运转中有无异响，特别是听轴承有无杂音。如图 5-15 所示，用长柄螺丝刀头放在电动机轴承外的小油盖上，耳朵贴紧螺丝刀柄，细心听运行中有无杂音、振动，以判断轴承的运行情况。如果声音异常，可判断轴承已经损坏。

图 5-15　听电动机轴承有无杂音

⑤ 检查电动机温升是否正常。

a. 最简易的方法是用手摸一摸电机外壳，以判断电动机是否过热。正常运行的电动机，其外壳温度不会过高，也就不会烫得烧手；如果烫得烧手，可能电动机的温升就过高了。也可以在电动机外壳上滴上几滴水，如果电机不过热，水滴会慢慢蒸发冒热气；如果滴上水滴立即很快蒸发冒气并发出"咝咝"声，就说明电动机温升过高了。

b. 较准确的是在电动机吊环孔内插入一支温度计（孔口可用碎布或棉花密封）来测量，温度计测得的温度一般比绕组最热点温度低 10～20℃。根据测得的温度推算最热点的温度，正常运行时，不应超过该电动机绝缘等级规定的最高允许温度。

5.3 电动机安装

电动机安装的作业流程是：底座基础建造（包括地脚螺栓埋设）→安装前的检查→安装就位与校正→传动装置的安装与校正→接线→空载试验（试车）。

5.3.1 电动机基础的构建

电动机安装基础有永久性、临时性及流动性等形式。

（1）永久性的电动机基础

永久性的基础，一般在生产、修配、产品加工或电力排灌站等处的电动机上采用。这种基础一般用混凝土浇筑，也可用砖、石条或石板等做成。

① 电动机的永久性基础，一般采用混凝土浇筑。混凝土用 1 份水泥、2 份沙子、3 份碎石拌和。如果电动机的质量超过 1t 以上，可制成钢筋混凝土基础，以增加其强度。

② 当采用混凝土基础若无设计要求时，基础质量一般不应小于电动机质量的 3 倍，基础高出地面的尺寸 H 取 100～150mm，B 和 L 的尺寸，按电机机座安装尺寸决定，每边比电机底座宽 100～150mm，以保证埋设的地脚螺栓有足够的强度，如图 5-16 所示。

③ 制作地脚螺栓，其埋入基础的螺栓一端，要开成人字形开口，埋入长度一般为螺栓直径的 10 倍左右，"人"字开口长度约是埋入长度的一半，如图 5-17 所示。

④ 浇注基础前，先挖好基坑，并夯实坑底防止基础下沉。用石子铺平、夯实，用水淋透。把基础模板放在上面，并埋进地脚螺

栓,如图 5-18 所示。稳固电机的地脚螺栓应与混凝土基础牢固地结合成一体,浇灌前预留孔应清洗干净,螺栓本身不应歪斜,机械强度应能满足要求。

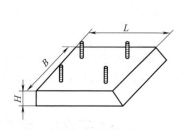

图 5-16 电动机底座基础尺寸的确定

图 5-17 地脚螺栓

⑤ 浇好混凝土后,用草或草袋盖在其上,防止太阳直晒,并经常浇水。养护 7 日后,可拆除基础模板,在继续养护 7～10 日后,方可安装电机。

⑥ 固定在底座基础上的电动机,一般应有不小于 1.2m 的维护通道,如图 5-19 所示。

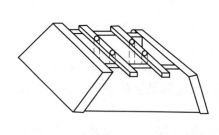

图 5-18 基础浇注模板

图 5-19 电动机的维护通道

⑦ 穿导线的钢管在浇注混凝土前要埋好,连接电机一端的钢管,管口离地不得低于 100mm,并要尽量接近电机的接线盒,伸

出钢管外的电缆要用软钢管伸入接线盒。

(2) 流动性和临时性基础

临时的抗旱排涝或建筑工地等流动性或临时性电动机安装基础，宜采用比较简单的基础制作，通常是把电动机固定在坚固的木架上。木架一般用 $100\text{mm} \times 200\text{mm}$ 的方木制成。为了可靠起见，可把方木底部埋在地下，并打木桩固定。

5.3.2 电动机安装前的准备

(1) 开箱检查

① 设备和器材的包装及密封应良好。

② 开箱检查清点，规格应符合设计要求。

③ 附件、备件应齐全；产品的技术文件应齐全。

(2) 电动机的外观检查

① 电动机外观应完好，不应有损伤现象；定子和转子分箱装运的电动机，其铁芯、转子和轴颈应完整，无锈蚀现象；电动机的附件应无损伤。

② 小心清除电动机上的尘土和防锈层，仔细检查在运输过程中有无变形和损坏，紧固件有无松动或脱落。

(3) 抽芯检查

在电动机检查过程中，若发现有下列情况之一时，应做抽芯检查。

① 电动机出厂期限超过制造厂保证期限。

② 若制造厂无保证期限，出厂日期已超过1年。

③ 经外观检查或电气试验，质量可疑时。

④ 开启式电动机经端部检查可疑时。

⑤ 试运转时有异常情况。

(4) 绝缘电阻检测

测量电动机的绝缘电阻，就是测量电动机绕组对机壳和绕组相互间的绝缘电阻。电动机的绝缘电阻一般用兆欧表进行测量。

测量电动机绕组对地（外壳）的绝缘电阻时，兆欧表接线端钮

L 与绕组接线端子连接，端钮 E 接电动机外壳；测量电动机的相间绝缘电阻时，L 端钮和 E 端钮分别与两部分接线端子相接。

① 各相绕组的始末端均引出机壳外的电动机，应断开各相之间的连接线，分别测量每相绕组之间的绝缘电阻，即绕组对地（机壳）的绝缘电阻。测量时的接线方法是：兆欧表接线端钮 L 与绕组接线端子连接，端钮 E 接电动机外壳。

测量各相绕组之间的绝缘电阻，即相间绝缘电阻。其接线方法是：兆欧表的 L 端钮和 E 端钮分别与两部分接线端子相接。

② 如果绕组只有始端或末端引出壳外的电动机，则应测量所有绕组对机壳的绝缘电阻。

③ 电动机的对地绝缘电阻和相间绝缘电阻均应不低于 1MΩ，否则应对绕组进行干燥处理。

5.3.3 电动机安装就位

(1) 电动机的搬运

① 质量在 100kg 以下的小型电机，可用人力抬到底座基础上。

图 5-20 人力搬运电动机

人力搬运时需要两人配合，用绳子拴住电动机的吊环和底座，用杠棒来搬运，如图 5-20 所示。

② 较重的电动机需用起重机或滑轮吊装。搬运时，可将钢丝绳穿入吊环，也可以套在电动机底座上进行搬运，如图 5-21 所示。在搬运过程中，要注意防止电动机左右摆动，以免损坏其他设备。

(2) 安装就位与校正

① 安装防振物和弹簧垫圈。为防止振动，安装时要在电动机与基础之间垫衬一层质地坚韧的木板或硬橡胶等防振物，如图5-22所示。在四个地脚螺栓上都套上弹簧垫圈。

② 拧紧固定底座螺母。将电机放置好后拧紧螺母，拧螺母时要按对角交错次序拧紧，每个螺母要拧一样紧，如图 5-23 所示。

③ 为保证防振木与基础面接触严密，电机底座安装完毕后，一般还要进行二次灌浆处理。

④ 电机的水平校正有纵向和横向水平校正两种，一般用水

图 5-21　采用起重设备吊装电动机

准器进行。校正时，用 0.5～5mm 厚的钢片垫在机座下，来调整电动机的水平度，不能用竹片或木片代替。

——电动机

——地脚螺栓

——防振木

——混凝土基础

图 5-22　防振木的安装

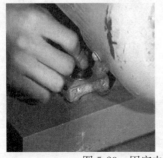
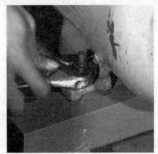

图 5-23　固定电动机底座的螺母

5.3.4 传动装置的安装就位

电动机的传动装置若安装不好，会增加电机的负载，严重时会烧坏电动机的绕组后损坏电动机的轴承。

电动机的传动装置若安装不好，会增加电机的负载，严重时会烧坏电动机的绕组后损坏电动机的轴承。

电机传动形式一般有带传动、联轴器传动和齿轮传动。

（1）齿轮传动装置的安装和校正

① 安装齿轮传动装置时，安装的齿轮要与电动机配套，转轴纵横尺寸要配合安装齿轮的尺寸，所装齿轮的模数、直径和齿形等应与被动轮应配套，如图5-24所示。

② 圆齿轮的中心线应平行，齿轮传动时，接触部分不应小于齿宽的2/3。伞形齿轮的中心线应按规定角度交叉，咬合程度应一致。

③ 对齿轮传动装置进行校正，齿轮传动时，电动机的轴与被传动的轴应保持平行。其校正方法是用塞尺测量两齿轮啮合间隙是否均匀，如果间隙均匀，说明两轴已平行。如图5-25所示。否则，应予以调整。

图5-24 齿轮传动装置的安装

图5-25 用塞尺测量齿间的间隙

(2) 皮带传动装置的安装和校正

① 安装皮带传动装置时，两个带轮的直径大小必须配套，如图5-26所示。若大小轮安装错，则会造成事故。

② 两个带轮要安装在同一条直线上，且两轴要安装平行。否则，会增加传动装置的能量损耗，还会损坏皮带；若采用的是平皮带，则易造成脱带事故。

③ V带轮必须装成一正一反，否则会影响调速。平带的接头必须正确，带扣正反面不能搞错，平带装上带轮时正反面不能搞错。

④ 对带传动装置进行校正，用带轮传动时必须使电动机带轮的轴和被传动机器带轮的轴保持平行，同时还要使两带轮宽度的中心线在同一直线上。

(3) 联轴器传动装置的安装和校正

① 安装常用的弹性联轴器时，应先把两半片联轴器分别装在电动机和机械的轴上。

② 把电动机移近连接处。

③ 两轴相对地处于一条直线上时，先初步拧紧电动机的机座地脚螺栓，但不要拧得太紧，接着用钢直尺搁在两半片联轴器上，然后用手转动电动机的转轴，旋转180°。

图5-26　皮带传动装置的安装

图5-27　联轴器的校正

④ 检查两半片联轴器高低是否一致，若高低不平应予以纠正，如图 5-27 所示。

⑤ 用手转动电机转轴并旋转 180°，看两半片联轴器是否有高低，若有高低应予以纠正至高低一致。只有电机和机械的轴处于同轴状态，才可把联轴器和地脚螺栓拧紧。

5.3.5 电动机的接线

(1) 三相异步电动机定子绕组首尾端的判别

电动机的定子绕组是异步电动机的电路部分，它由三相对称绕

图 5-28 电动机的接线盒

组组成并按一定的空间角度依次嵌放在定子槽内。为了下面的叙述分别，我们把三相绕组的首端分别用 U1、V1、W1 表示，对应的尾端用 U2、V2、W2 表示。为了便于变换接法，三相绕组的 6 个端子头都引到电动机接线盒内的接线柱上，如图 5-28 所示。

当电动机接线板损坏，定子绕组的 6 个线头分不清楚时，不可盲目接线，以免引起电动机内部故障，因此必须分清 6 个线头的首尾端后才能接线。下面介绍万用表毫安挡测量法判别定子绕组首尾端的方法。

① 将万用表调到 $R \times 10\Omega$ 挡或 $R \times 100\Omega$ 挡，分别测量 6 个线头的电阻值，其阻值接近于零时的两出线端为同一相绕组。用同样的方法，可判别出另外两相绕组。

② 将万用表的转换开关置于直流毫安挡，并将三相绕组接成图 5-29 所示的线路。根据万用表指针是否摆动，从而判别绕组的首尾端。

③ 用手转动电动机的转子。若万用表指针不动，说明三相绕组首尾端的区分是正确的。

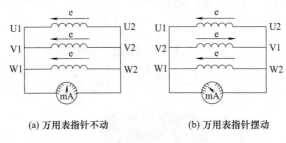

(a) 万用表指针不动　　　　　(b) 万用表指针摆动

图 5-29　万用表毫安挡判别绕组的首尾端

④ 若万用表指针动了，说明有一相绕组的首尾端接反了，应一相一相分别对调后重新试验，直到万用表指针不动为止。依次类推，从而判断出了电动机定子绕组的首尾，即其中的一端为首端，另一端为尾端。

注意：当某相绕组对调后万用表指针仍动，此时应将该相绕组两端还原，再对调另一相绕组，这样最多只要对调三次必定能区分出绕组的首尾端。

(2) 绕组的星形、三角形连接方法

三相定子绕组按电源电压的不同和电动机铭牌上的要求，可接成星形（Y）或三角形（△）两种形式。

知道了绕组的首尾端，就可以正确地接成 Y 形或△形。连接时究竟接成 Y 或是△形，这要根据电源电压要求而定。如电动机铭牌上标注为 220V/380V，△/Y 形的电动机，当电源电压为 220V 时，定子绕组为△形连接；当电源电压为 380V 时，定子绕组则为 Y 形连接。接线时一定要按电压高低对号入座选择定子绕组的接法，千万不能接错，否则电动机不能正常运转，甚至会烧坏电动机绕组。

① 星形连接　将三相绕组的尾端 U2、V2、W2 短接在一起，首端 U1、V1、W1 分别接三相电源。

② 三角形连接　将第一相绕组的尾端 U1 接第二相绕组的首端 V1，第二相绕组的尾端 V2 接第三相绕组的首端 W1，第三相绕

组的尾端 W2 接第一相绕组的首端 U1，然后将三个端点分别接三相电源。三相异步异步电动机的三相绕组接法见表 5-15。

表 5-15　三相异步电动机的三相绕组接法

连接法	接线实物图	接线图
星形（Y）接法		W2　U2　V2 V1　W1　U1
三角形（△）接法		W2　U2　V2 V1　W1　U1

异步电动机不管星形接法还是三角形接法，调换三相电源的任意两相，即可得到方向相反的转向。

为了帮助大家记忆电动机三相绕组的接线方法，下面用口诀来表述。

操作口诀

电机接线分两种，三相接线星三角，

绕线尾尾（或头头）并星形，首尾串接成三角。

接线盒内六线桩，具体接法是这样，

三桩横联是星形，上下串联为三角。

厂家预定的接法，自己不能随意改。

(3) 电动机的引线与控制

① 控制装置的设置　每台电动机应有单独的操作开关，安装地点应便于操作，安装高度一般距地面为 1.5m。室外电动机的操作开关，应安装在电动机近旁的操作箱内。安装有多台电动机的工作场所，除每台电动机设置的操作开关外，应有总的动力控制箱。

② 电动机的引线　自电动机开关到电动机启动器及接线盒之间的引线，由于其间距离较短，其截面可依据电动机的额定电流按允许载流量进行选择，见表5-16。对于那些重载启动的电动机，应再把导线截面提高 1～2 级，以利启动。

表5-16　常用电动机引线最小截面的选择

电动机额定电流/A	引线最小截面/mm²	
	铜芯线	铝芯线
6～10	1.5	2.5
11～20	2.5	4
21～30	4	6
31～45	6	10
46～60	10	16
61～90	16	35

电动机和附属装置的引线，最好采用有护套的绝缘电线。为安全起见，距地面 2.5m 以内的引线，应采用槽板或硬塑料管保护。当电动机引线沿地面敷设时，可采用电缆、管线或电缆沟，引线不应有裸露部分。

从电动机到断路器之间导线的敷设，常采用以下两种形式：一种是地下管敷设；另一种是明管敷设。目前一般用地下管敷设。采用地下管敷设时，应使连接电动机一段的管口离地不得小于

100mm，并应使它尽量接近电动机的接线盒。另一端尽量接近电动机的操作开关，最好用软管伸入接线盒，如图5-30所示。

车间用的电动机，在电源处必须装设有明显断开点的开关和短路保护装置，同时应装设漏电保护器。电源、启动设备、保护装置等与电动机的连接，应采用接

图5-30　电动机接线盒导线的敷设

线盒或其他安全措施，避免因导电体的外露而威胁人身安全。

(4) 电动机外壳的保护接地

在电动机外壳上都有两个专门的接地螺栓，一定要把它引接到合格的接地装置上。在正常情况下，电动机外壳并不带电，人体接触到它并无触电危险。但当电动机绕组绝缘损坏或严重受潮时，外壳就会带电，有触电危险。电动机外壳接地后，电流顺着接地线流向大地，从而保证了人身安全。

所安装电机、金属线管等金属部位均要做接地处理。接地电阻为：电机功率大于等于10kW，接地电阻值小于4Ω；小于10kW，接地电阻值小于10Ω。

5.3.6　电动机试车

(1) 电动机试车前的检查

电动机及其传动装置、控制保护装置安装完毕，从某种意义上说，工作才完成一半。要保证试车一次成功，必须进行详细的、全面的质量检查工作。

① 检查是否与电机铭牌上所示的电压、接法等相吻合。

② 检查电动机转轴是否能自由旋转，检查电动机的接地装置是否可靠。

③ 对要求单方向运转的电动机，须检查运转方向是否与该电动机运转指示箭头方向相同。

④ 检查电动机的接线是否正确；检查电动机的启动、控制装置中各个电气元件是否完好，熔断器的熔体设置是否合理。

（2）电动机空载测试

电动机安装和接线完毕应进行试运行，在试车时，主要是进行一系列的测试工作。

① 在电动机空载运行时，测量三相空载电流是否平衡。电动机空载电流通常不应大于其额定电流的 5%～10%。空载电流正常后再行带负荷试车。

② 查看旋转方向是否正确。

③ 观察电动机是否有杂声、振动及其他较大的噪声。如果有异常情况应立即停车，进行检查。

④ 电机空转 2h，测量以下部位的温度：轴承盖、端盖、机壳，如图 5-31 所示。各非转动部位温度一般不应超过室温，滑动轴承温升不得超过 45℃，滚动轴承温升不得超过 60℃。

图 5-31　检查电动机是否过热

⑤ 用转速表测量电动机的转速并与电动机的额定转速进行比较，如图 5-32 所示。值得说明的是，用转速表测量电动机的转速

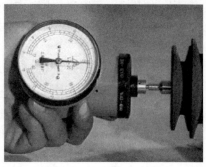

图 5-32　测量电动机转速

时一定要细心、要注意安全。

注意：多台电动机试车，不能同时启动，应先启动大功率电动机，后启动小功率电动机。

5.4　三相电动机的检修

三相异步电动机在长期的运行过程中，会出现各种各样的故障，这些故障综合起来可分为电气的和机械的两大类。电气方面主要有定子绕组、转子绕组、定转子铁芯、开关及启动设备的故障等；机械方面主要有轴承、转轴、风扇、机座、端盖、负载机械设备等的故障。

及时判断电动机的故障原因并进行相应处理，是防止故障扩大、保证设备正常运行的重要工作。

5.4.1　三相异步电动机的定期检修

电动机定期维护检修可分为小修、中修和大修。检修周期要根据电动机型号、工作条件确定。其中连续运行的中小型笼形电动机小修周期 1 年，中修周期 2 年，大修周期 7～10 年；连续运行的中小型绕式电动机小修周期 1 年，中修周期 2 年，大修周期 10～12年；短期反复运行、频繁启制动的电动机小修周期半年，中修周期

2年，大修周期 3～5 年。

（1）三相异步电动机的小修项目

三相异步电动机的定期小修检查项目见表 5-17。

表 5-17　三相异步电动机定期小修检查项目

序号	检 修 项 目
1	检查电动机接地是否完好
2	吹风清扫及一般性的检查
3	更换波形弹簧片，并进行调整
4	检查和处理局部绝缘的损伤，并进行修补工作
5	清洗轴承，进行检查和换油
6	处理绕组局部绝缘故障，进行绕组绑扎加固和包扎绝缘等工作
7	紧固所有的螺栓
8	处理松动的槽楔和齿端板
9	调整风扇、风扇罩，并加固
10	检查电动机运转时是否存在不正常的声音

（2）三相异步电动机的中修检查项目

三相异步电动机中修除包含全部小修项目之外，还应重点检查表 5-18 所列的项目。

表 5-18　电动机定期中修检查项目

序号	检 修 项 目
1	包含全部小修项目
2	对电机进行清扫和干燥，更换局部线圈和加强绕组绝缘
3	电机解体检查，处理松动的线圈和槽楔以及紧固零部件
4	更换槽楔，加强绕组端部绝缘
5	处理松动的零部件，进行点焊加固
6	转子做动平衡试验
7	改进机械零部件结构并进行安装和调试
8	做检查试验和分析试验

（3）三相异步电动机的大修检查项目

三相异步电动机大修除包含全部中修项目之外，还应重点检查

表 5-19 所列的项目。

表 5-19　电动机定期大修检查项目

序号	检 修 项 目
1	包含全部中修项目
2	绕组全部重绕更新
3	更换电机铁芯、机座、转轴等工作
4	对于机械零部件进行改造、更换、加强和调整等工作
5	转子调校动平衡
6	电机进行浸漆、干燥、喷漆等处理
7	做全面型试验和特殊检查试验

5.4.2　三相异步电动机故障检查程序与分析

(1) 三相异步电动机故障检查程序

三相异步电动机可能出现的故障是多种多样的，产生的原因也比较复杂，检查电动机时，一般按先外后里、先机后电、先听后检的顺序。先检查电动机的外部是否有故障，后检查电动机内部；先检查机械方面，再检查电气方面；先听使用者介绍使用情况和故障情况，再动手检查，这样才能正确迅速地找出故障原因。

电动机发生故障时，往往会发生转速变慢、有噪声、温度显著升高、冒烟、有焦煳味、机壳带电和三相电流不平衡或增大等现象，为了能迅速找出故障原因并及时修复电动机，当故障原因不明时，可先查电源有无电，再看熔丝和开关；让电机空载转一转，看是否故障在负载；接下来依次检查接线盒、轴承、绕组、转子，其检查程序如图 5-33 所示。

(2) 三相异步电动机故障分析思路

① 空载运转检查　在对电动机外观、绝缘电阻、电动机外部接线等项目进行详细检查后，如未发现异常情况，可对电动机做进一步的通电试验。

a. 将三相低电压（$30\%U_N$）通入电动机三相绕组，逐步升高电压，当发现声音不正常、有异味或无法转动时，立即断电检查。

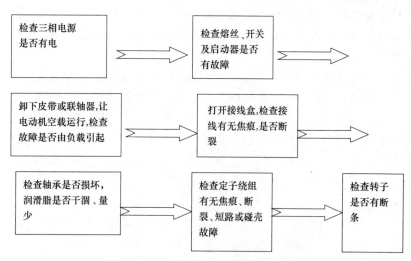

图 5-33　三相异步电动机故障检查程序

b. 如启动未发现问题，可测量三相电流是否平衡，电流大的一相可能是绕组短路；电流小的一相可能是多路并联绕组中出现断路。

c. 若三相电流平衡，可使电动机继续运行 1~2h，随时用手检查铁芯部位及轴承端盖，如发现烫手，应立即停车检查。如线圈过热，则是绕组短路；如铁芯过热，则是绕组匝数不够，或铁芯硅钢片间的绝缘损坏。

② 电动机内部检查　通过上述检查，确认电动机内部存在问题，就应拆开电动机做进一步检查。

a. 检查绕组部分　查看绕组端部有无积尘和油垢，查看绕组绝缘、接线及引出线有无损伤或烧伤。若有烧伤，则烧伤处的颜色会变成暗黑色或烧焦，有焦臭味。

若烧坏一个线圈中的几匝线匝，可能是匝间短路造成的，如图 5-34 所示；若烧坏几个线圈，可能是相间或连接线（过桥线）的绝缘损坏所引起的；若烧坏一相，可能是三角形连接中由一相电源断路所引起的；若烧坏两相，这是由一相绕组断路而产生的；若三相全部烧坏，很可能由于长期过载，或启动时卡阻引起的，也可能是绕组接线错误引起的，可查看导线是否烧断和绕组的焊接处有无脱焊、虚焊现象。

b. 检查铁芯部分　查看转子、定子表面有无擦伤的痕迹。

若转子表面只有一处擦伤，而定子表面全是擦伤，这大都是由于转子弯曲或转子不平衡造成的；若转子表面全都有擦伤的痕迹，定子表面只有一处伤痕，这是由于定子、转子不同心造成的。造成定子、转子不同心的原因是机座或端盖止口变形或轴承严重磨损使转子下落；若定子、转子表面均有局部擦伤痕迹，是由上述两种原因共同引起的。

c. 检查轴承部分　查看轴承的内、外套与轴颈和轴承室配合是否合适，同时也要检查轴承的磨损情况，如图 5-35 所示。

图 5-34　几匝线圈局部短路

图 5-35　检查轴承的磨损情况

d. 检查其他部分　查看扇叶是否损坏或变形，转子端环有无裂痕或断裂，再用短路测试器检查导条有无断裂。

5.4.3　三相异步电动机常见故障检修

三相异步电动机的常见故障现象、故障的可能原因以及相应的处理方法见表 5-20，可供读者分析处理故障时参考。

表 5-20　三相异步电动机的常见故障及处理

故障现象	故障原因	处理方法
通电后电动机不能启动，但无异响，也无异味和冒烟	①电源未通（至少两相未通） ②熔丝熔断（至少两相熔断） ③过流继电器调得过小 ④控制设备接线错误	①检查电源开关、接线盒处是否有断线，并予以修复 ②检查熔丝规格、熔断原因，换新熔丝 ③调节继电器整定值与电动机配合 ④改正接线
通电后电动机转不动，然后熔丝熔断	①缺一相电源 ②定子绕组相间短路 ③定子绕组接地 ④定子绕组接线错误 ⑤熔丝截面过小	①找出电源回路断线处并接好 ②查出短路点，予以修复 ③查出接地点，予以消除 ④查出错接处，并改接正确 ⑤更换熔丝
通电后电动机转不启动，但有"嗡嗡"声	①定、转子绕组或电源有一相断路 ②绕组引出线或绕组内部接错 ③电源回路接点松动，接触电阻大 ④电动机负载过大或转子发卡 ⑤电源电压过低 ⑥轴承卡住	①查明断路点，予以修复 ②判断绕组首尾端是否正确，将错接处改正 ③紧固松动的接线螺丝，用万用表判断各接点是否假接，予以修复 ④减载或查出并消除机械故障 ⑤检查三相绕组接线是否把△形接法误接为 Y 形，若误接应更正 ⑥更换合格油脂或修复轴承
电动机启动困难，带额定负载时的转速低于额定值较多	①电源电压过低 ②△形接法电机误接为 Y 形 ③笼型转子开焊或断裂 ④定子绕组局部线圈错接 ⑤电动机过载	①测量电源电压，设法改善 ②纠正接法 ③检查开焊和断点并修复 ④查出错接处，予以改正 ⑤减小负载

故障现象	故障原因	处理方法
电动机空载电流不平衡,三相相差较大	①定子绕组匝间短路 ②重绕时,三相绕组匝数不相等 ③电源电压不平衡 ④定子绕组部分线圈接线错误	①检修定子绕组,消除短路故障 ②严重时重新绕制定子线圈 ③测量电源电压,设法消除不平衡 ④查出错接处,予以改正
电动机空载或负载时电流表指针不稳,摆动	①笼形转子导条开焊或断条 ②绕线型转子一相断路,或电刷、集电环短路装置接触不良	①查出断条或开焊处,予以修复 ②检查绕线型转子回路并加以修复
电动机过热甚至冒烟	①电动机过载或频繁启动 ②电源电压过高或过低 ③电动机缺相运行 ④定子绕组匝间或相间短路 ⑤定、转子铁芯相擦(扫膛) ⑥笼形转子断条,或绕线型转子绕组的焊点开焊 ⑦电机通风不良 ⑧定子铁芯硅钢片之间绝缘不良或有毛刺	①减小负载,按规定次数控制启动 ②调整电源电压 ③查出断路处,予以修复 ④检修或更换定子绕组 ⑤查明原因,消除摩擦 ⑥查明原因,重新焊好转子绕组 ⑦检查风扇,疏通风道 ⑧检修定子铁芯,处理铁芯绝缘
电动机运行时响声不正常,有异响	①定、转子铁芯松动 ②定、转子铁芯相擦(扫膛) ③轴承缺油 ④轴承磨损或油内有异物 ⑤风扇与风罩相擦	①检修定、转子铁芯,重新压紧 ②消除摩擦,必要时车小转子 ③加润滑油 ④更换或清洗轴承 ⑤重新安装风扇或风罩

故障现象	故障原因	处理方法
电动机在运行中振动较大	①电机地脚螺栓松动 ②电机地基不平或不牢固 ③转子弯曲或不平衡 ④联轴器中心未校正 ⑤风扇不平衡 ⑥轴承磨损间隙过大 ⑦转轴上所带负载机械的转动部分不平衡 ⑧定子绕组局部短路或接地 ⑨绕线型转子局部短路	①拧紧地脚螺栓 ②重新加固地基并整平 ③校直转轴并做转子动平衡 ④重新校正,使之符合规定 ⑤检修风扇,校正平衡 ⑥检修轴承,必要时更换 ⑦做静平衡或动平衡试验,调整平衡 ⑧寻找短路或接地点,进行局部修理或更换绕组 ⑨修复转子绕组
轴承过热	①滚动轴承中润滑脂过多 ②润滑脂变质或含杂质 ③轴承与轴颈或端盖配合不当(过紧或过松) ④轴承盖内孔偏心,与轴相擦 ⑤皮带张力太紧或联轴器装配不正 ⑥轴承间隙过大或过小 ⑦转轴弯曲 ⑧电动机搁置太久	①按规定加润滑脂 ②清洗轴承后换洁净润滑脂 ③过紧应车、磨轴颈或端盖内孔,过松可用黏结剂修复 ④修理轴承盖,消除摩擦 ⑤适当调整皮带张力,校正联轴器 ⑥调整间隙或更换新轴承 ⑦校正转轴或更换转子 ⑧空载运转,过热时停车,冷却后再走,反复走几次,若仍不行,拆开检修
空载电流偏大(正常空载电流为额定电流的20%～50%)	①电源电压过高 ②将Y形接法错接成△形接法 ③修理时绕组内部接线有误,如串联绕组内并联 ④装配质量问题,轴承缺油或损坏,使电动机机械损耗增加	①若电源电压值超出电网额定值的5%,可向供电部门反映,调节变压器上的分接开关 ②改正接线 ③纠正内部绕组接线 ④拆开检查,重新装配,加润滑油或更换轴承

续表

故障现象	故 障 原 因	处 理 方 法
空载电流偏大（正常空载电流为额定电流的20%～50%）	⑤检修后定、转子铁芯不齐 ⑥修理时定子绕组线径取得偏小 ⑦修理时匝数不足或内部极性接错 ⑧绕组内部有短路、断线或接地故障 ⑨修理时铁芯与电动机不相配	⑤打开端盖检查，并予以调整 ⑥选用规定的线径重绕 ⑦按规定匝数重绕绕组，或核对绕组极性 ⑧查出故障点，处理故障处的绝缘。若无法恢复，则应更换绕组 ⑨更换成原来的铁芯
空载电流偏小（小于额定电流的20%）	①将△形接法错接成Y形接法 ②修理时定子绕组线径取得偏小 ③修理时绕组内部接线有误，如将并联绕组串联	①改正接线 ②选用规定的线径重绕 ③纠正内部绕组接线
Y-△开关启动，Y位置时正常，△位置时电动机停转或三相电流不平衡	①开关接错，处于△位置时的三相不通 ②处于△位置时开关接触不良，成V形连接	①改正接线 ②将接触不良的接头修好
电动机外壳带电	①接地电阻不合格或保护接地线断路 ②绕组绝缘损坏 ③接线盒绝缘损坏或灰尘太多 ④绕组受潮	①测量接地电阻，接地线必须良好，接地应可靠 ②修补绝缘，再经浸漆烘干 ③更换或清扫接线盒 ④干燥处理

续表

故障现象	故 障 原 因	处 理 方 法
绝缘电阻只有数十千欧到数百欧，但绕组良好	①电动机受潮 ②绕组等处有电刷粉末（绕线型电动机）、灰尘及油污进入 ③绕组本身绝缘不良	①干燥处理 ②加强维护，及时除去积存的粉尘及油污，对较脏的电动机可用汽油冲洗，待汽油挥发后，进行浸漆及干燥处理，使其恢复良好的绝缘状态 ③拆开检修，加强绝缘，并作浸漆及干燥处理，无法修理时，重绕绕组
电刷火花太大	①电刷牌号或尺寸不符合规定要求 ②滑环或整流子有污垢 ③电刷压力不当 ④电刷在刷握内有卡涩现象 ⑤滑环或整流子呈椭圆形或有沟槽	①更换合适的电刷 ②清洗滑环或整流子 ③调整各组电刷压力 ④打磨电刷，使其在刷握内能自由上下移动 ⑤上车床车光、车圆

电动机轴向窜动 —— 使用滚动轴承的电动机为装配不良 —— 拆下检修，电动机轴向允许窜动量如下

容量/kW	轴向允许窜动量/mm	
	向一侧	向两侧
10 及以下	0.50	1.00
10～22	0.75	1.50
30～70	1.00	2.00
75～125	1.50	3.00
125 以上	2.00	4.00

第6章
变频器和PLC应用技能

6.1 变频器应用技能

6.1.1 认识变频器

(1) 变频器调速的优点

变频器是把工频电源（50Hz或60Hz）变换成各种频率的交流电源，以实现电机变速运行的设备，它可与三相交流电机、减速机构（视需要）构成完整的传动系统。

在交流调速技术中，变频调速具有绝对优势，特别是节电效果明显，而且易于实现过程自动化，深受工业行业的青睐。

可预置频率，精确地控制输出频率

不用电路换接，即可实现正、反转控制

可实现软启动、软停车

变频调速的优点

启动电流低，节电效果明显

具有完善的电压保护、过电流保护功能

与PLC、触摸屏等相配合，可实现智能控制

(2) 变频器的种类

变频器的种类很多，分类方法也很多，见表 6-1。通过对变频器分类方法的熟悉，可以对变频器一个整体的了解，这是正确选择和使用变频器的前提。

表 6-1　变频器的种类

序号	分类依据	种类
1	依据变频原理分	交-交变频器，交-直-交变频器
2	依据控制方式分	压频比控制变频器，转差频率控制变频器，矢量控制变频器，直接转矩控制变频器
3	依据用途分	通用变频器，专用变频器
4	按逆变器开关方式分	PAM(脉冲振幅调制)变频器，PWM(脉宽调制)变频器

友情提示

交-直-交变频器是通用变频器的主要形式，因结构简单，功率因数高，目前广泛使用。

交-直-交变频器按中间环节的滤波方式，又可分为电压型变频器和电流型变频器。

交-交变频器与交-直-交变频器的性能比较见表6-2。

表 6-2　交-交变频器与交-直-交变频器的性能比较

比较项目 \ 类别	交-直-交变频器	交-交变频器
换能形式	两次换能，效率略低	一次换能，效率较高
换流方式	强迫换流或负载谐振换流	电源电压换流
装置元器件数量	元器件数量较少	元器件数量较多
调频范围	频率调节范围宽	一般情况下，输出最高频率为电网频率的 $1/3 \sim 1/2$
电网功率因素	用可控整流调压时，功率因数在低压时较低；用斩波器或 PWM 方式调压时，功率因数高	较低

续表

类别 比较项目	交-直-交变频器	交-交变频器
适用场合	可用于各种电力拖动装置、稳频稳压电源和不停电电源	特别适用于低速大功率拖动

专用变频器是一种针对某一种特定的应用场合而设计的变频器，为满足某种需要，这种变频器在某一方面具有较为优良的性能。如电梯及起重机用变频器等，还包括一些高频、大容量、高压等变频器。

(3) 通用变频器的基本结构

虽然变频器的种类很多，其结构各有特点，但大多数通用变频器都具有如图 6-1 所示的基本结构，它们的主要区别是控制软件、控制电路和检测电路实现的方法及控制算法等不同。

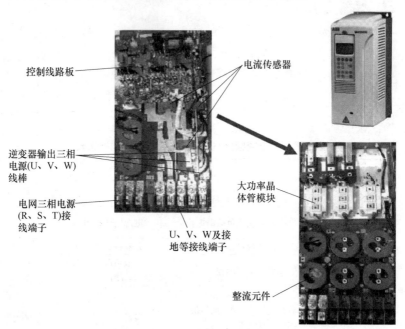

图 6-1　通用变频器的内部结构图

6.1.2 变频器的选用

(1) 选用变频器的原则

正确选择通用变频器对于控制系统的正常运行是非常关键的，要准确选型，必须要把握以下几个原则。

① 根据控制对象性能要求选择变频器。一般来讲，如对启动转矩、调速精度、调速范围要求较高的场合，则需考虑选用矢量变频器，否则选用通用变频器即可。

② 根据负载特性选择变频器。一般将生产机械分为三种类型：恒转矩负载、恒功率负载和风机、水泵负载。

③ 根据所用电机的铭牌参数（额定电压、额定电流）选择变频器。如果变频器的额定电流小于适配电机的额定电流，则按适配电机的额定电流来选择变频器的额定电流。

(2) 变频器的容量选定方法

变频器的容量通常以千伏安（kV·A）值表示，同时也标明它所适配的电动机功率。变频器容量选定由很多因素决定，比较简便的方法有以下三种。

① 电机实际功率确定法　首先测定电机的实际功率，以此来选用变频器的容量。

② 公式法　设安全系数取 1.05，则变频器的容量 P_b 为

$$P_b = 1.05 P_m / h_m \times \cos\varphi \text{ (kW)}$$

式中，P_m 为电机负载；h_m 为电机功率，$\cos\varphi$ 为功率因数。计算出 P_b 后，按变频器产品目录选具体规格。

> **友情提示**
>
> 当一台变频器用于多台电机时，至少要考虑一台电动机启动电流的影响，以避免变频器过流跳闸。

③ 电机额定电流法　最常见、也较安全的做法是使变频器的容量略大于或等于电机的额定功率，避免选用的变频器容量过大，

使投资增大。对于轻负载类，变频器电流一般应按 $1.1I_N$（I_N 为电动机额定电流）来选择，或按厂家在产品中标明的与变频器的输出功率额定值相配套的最大电机功率来选择。

 友情提示

考虑变频器运行的经济性和安全性，变频器选型时保留适当的余量是必要的。

6.1.3　变频器的选配件

(1) 变频器的主要选配件

变频器的主要选配件如图 6-2 所示。该图是一个示意图，它以变频器为中心，给出了所有类型的周边设备，在实际应用过程中，用户可以根据需要进行选择。

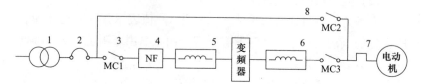

图 6-2　变频器周边设备

1—电力变压器；2—线路用断路器，漏电断路器；3—电磁接触器；4—电波噪声滤波器；

5—输入电抗器；6—输出电抗器；7—过载继电器；8—电网电源切换电路

变频器周边设备的选配见表 6-3。

表 6-3　变频器周边设备的选配

设备名称	功　能	选配要点
电力变压器	将电网电压转换为变频器所需的电压	一般选用原来使用的电力变压器
断路器，漏电断路器	①电源的开闭 ②防止发生过载和短路时的大电流烧毁设备	一般不需要专门设置线路用断路器。如选用线路用断路器时，需要考虑的因素有：额定电流、动作特性和额定断路电流

续表

设备名称	功 能	选配要点
电磁接触器	①当变频器跳闸时将变频器从电源切断 ②使用制动电阻器的情况下发生短路时将变频器从电源中切断	电磁接触器的额定电流应大于变频器的输入电流值
电波噪声用滤波器	降低变频器传至电源一侧的噪声	电波噪声滤波器可分为广域用和简易形两种。前者有降低整个 AM 频带的电波噪声的作用,而后者则被用于特定的频带。用户可以根据需要进行选择
输入电抗器	①与电源的匹配 ②改善功率因数 ③降低高次谐波对其他设备的影响	①变频器到电机线路超过 50m 时,要选用交流输出电抗器。 ②小功率变频器带负载较大的电动机。 在选择电抗器的容量时,应使在额定电压和额定电流的条件下电抗器上的电压降在 2%～5% 的范围内。 即 $L=\dfrac{2\%～5\%U}{2\pi fI}$ 式中 U——额定电压,V; I——额定电流,A; f——最大频率,Hz
输出电抗器	降低电动机的电磁噪声	
过负载继电器	①使用一台变频器驱动多台电动机时对电动机进行过载保护 ②对不能用变频器的电子热保护功能进行保护的电动机进行热保护	①电动机容量在正常适用范围以外时,为了给电动机提供可靠的保护,应该设置过载继电器。如果变频器的电子热保护设定值可以在所需范围内进行调节,则可以省略过载继电器。 ②用一台变频器驱动多台电动机时,为了给电动机提供可靠保护,应为每台电动机设置过载继电器

续表

设备名称	功　　能	选配要点
制动电阻	当电机减速时电机处于发电状态,制动电阻就负责消耗掉电机发电送回变频器的多余的电能,防止变频器里的母线电压过高而跳保护。 　制动电阻包括电阻阻值和功率容量两个重要的参数	以下情况一般要选用制动单元和制动电阻:提升负载频繁快速加减速;大惯量(自由停车需要 1min 以上),恒速运行电流小于加速电流的设备。 　制动电阻的电阻值可通过公式进行计算,最好是在变频器使用说明书中查找。 　通常在工程上选用较多的是波纹电阻和铝合金电阻两种
电网电源切换电路	①以电网电源频率运行时起节能作用 ②变频器发生故障时的备用手段	选配额定容量的转换开关,配合切换电路来完成电源切换的任务

 友情提示

　　在进行变频器驱动系统设计时,还应该考虑到在主电路部分使用的动力电线和在控制电路部分使用的控制电线的线径。虽然这些电线不能称为设备,但因为它们也是为了保证系统能够正常工作必不可少的部分。

(2) 变频器连接线的选配

　　① 主电路用导线　一般来说,在选择主电路电线的线径时,应保证变频器与电动机之间的线路电压降在 2%～3% 以内。在配线距离较长的场合,为了减少低速运行区域的压降(将造成电动机转矩不足),应使用线径较大的电线。当电线线径较大而无法在电动机和变频器的接线端上直接连线时,可按照如图 6-3 所示设一个中继端子。

　　② 控制电路用导线　与控制电源本身以及和外部供电电源有关的电路应选用截面积在 2mm^2 以上的导线,操作电路以及信号

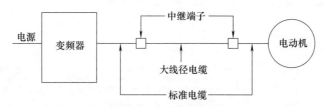

图 6-3 大直径电缆线中继连接

电路选用截面积在 $0.75mm^2$ 以上的导线即可。此外，电源电路以外的连线应选用屏蔽线或双绞屏蔽线。

实际进行变频器与电动机之间连接时，须根据要求的距离计算出所需导线的 R_0 值，从而选定合适线径的导线。常用电动机引出线的单位长度电阻值见表 6-4。

表 6-4 电动机引出线的单位长度电阻值

标称截面积/mm^2	1.0	1.5	2.5	4.0	6.0	10.0	16	25.0	35.0
$R_0/(m\Omega/m)$	17.8	11.9	6.92	4.40	2.92	1.73	1.10	0.69	0.49

6.1.4 变频器的安装

(1) 变频器安装环境要求

变频器属于精密仪器，最好安装在室内，避免阳光直接照射，如果必须安装在室外，则要加装防雨水、防冰雹、防雾和防高温、低温的装置。变频器长期可靠运行的周围条件见表 6-5。

表 6-5 变频器长期可靠运行的周围条件

序号	周围条件	要　　　求
1	安装设置场所条件	①室内应湿气少，无水浸。 ②无爆炸性、燃烧性或腐蚀性气体和液体，粉尘少。 ③变频装置容易搬入安装，并有足够的空间便于维修检查。 ④应备有通风口或换气装置，以排出变频器产生的热量。 ⑤应与易受变频器产生的高次谐波干扰和无线电干扰的装置分离。 ⑥若安装在室外，须单独按照户外配电装置设置

序号	周围条件	要　　求
2	周围温度条件	变频器周围温度是指变频器端面附近的温度,运行中周围温度的容许值多为0～40℃或－10～50℃,避免阳光直射
3	周围湿度条件	周围湿度过高,会使电气绝缘降低,金属部分腐蚀,因此,变频器周围湿度的推荐值为40%～80%。 另外,变频器柜安装平面应高出水平地面800mm以上
4	周围气体条件	变频器在室内安装时,其周围不应有腐蚀性、易燃、易爆的气体以及粉尘和油雾
5	海拔条件	变频器的安装场所一般在海拔1000m以下,超高则气压降低,容易使绝缘破坏(在1500m绝缘性能降低5%,在3000m绝缘性能降低20%)。 另外,海拔越高,冷却效果下降越多,因此必须注意温升
6	振动条件	变频器设置场所的振动加速度一般限制在$(0.3～0.6)g$以下(即振动强度,$\leqslant 5.9m/s^2$)。在有振动的场所安装变频器,必须定期进行检查和加固

(2) 变频器的安装方式

变频器几种常用的安装方式如图6-4所示。

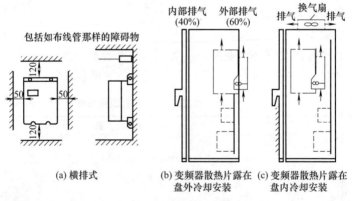

(a) 横排式　　　(b) 变频器散热片露在　(c) 变频器散热片露在
　　　　　　　　　　盘外冷却安装　　　　盘内冷却安装

图6-4　变频器的几种常用安装方式

对于非水冷却的变频器,在安装空间上,要保证变频器与周围墙壁留有15cm的距离,有通畅的气流通道,如图6-5所示。

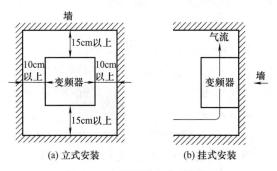

图 6-5　变频器的安装示意图

(3) 变频器的散热

变频器的效率一般为 $97\%\sim98\%$，这就是说有 $2\%\sim3\%$ 的电能转变为热能。变频器在工作时，其散热片的温度可达 $90℃$，故安装底板与背面必须为耐热材料。

变频器的最高允许温度为 $T_i=50℃$，如果安装柜的周围温度 $T_a=40℃$（max），则必须使柜内温升在 $T_i-T_a=10℃$ 以下。关于散热问题有以下两种情况。

① 电气柜如果不采用强制换气，变频器发出的热量经过电气柜内部的空气，由柜表面自然散热，这时散热所需要的电气柜有效表面积 A 用下式计算

$$A=\frac{Q}{h(T_s-T_a)} \tag{6-1}$$

式中　Q——安装柜总发热量，W；

　　　h——传热系数（散热系数）；

　　　A——安装柜有效散热面积，去掉靠近地面、墙壁及其他影响散热的面积，m^2；

　　　T_s——电气柜的表面温度，℃；

　　　T_a——周围温度（℃），一般最高时为 $40℃$。

② 设置换气扇，采用强制换气时，散热效果更好，是盘面自然对流散热无法达到的。换气流量 P 可用式（6-2）计算，该式也可用于计算风扇容量。

$$P = \frac{Q \times 10^{-3}}{\rho C(T_0 - T_a)} \qquad (6\text{-}2)$$

式中　Q——电气柜内总发热量，W；

ρ——空气密度，kg/m³，50℃时 $\rho = 1.057$kg/m³；

C——空气的比热容，$C = 1.0$kJ/(kg·K)；

P——流量，m³/s；

T_0——排气口的空气温度（℃），一般取 50℃；

T_a——周围温度，即在给气口的空气温度（℃），一般取 40℃。

友情提示

使用强制换气时，应注意以下问题。

① 从外部吸入空气的同时也会吸入尘埃，所以在吸入口应设置空气过滤器。在门扉部设置屏蔽垫，在电缆引入口设置精梳板，当电缆引入后，就会自动密封起来。

② 当有空气过滤时，如果吸入口的面积太小，则风速增高，过滤器会在短时间里堵塞；而且压力损失增高，会降低风扇的换气能力。由于电源电压的波动，有可能使风扇的能力降低，应该选定约有 20% 余量的风扇。

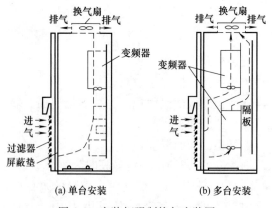

图 6-6　安装柜强制换气安装图

③ 因为热空气会从下往上流动，所以最好选择从安装柜下部供给空气、向上部排气的结构，如图6-6（a）所示。

④ 当需要在邻近并排安装两台或多台变频器时，台与台之间必须留有足够的距离。当竖排安装时，变频器间距至少为50cm，变频器之间应加装隔板，以增加上部变频器的散热效果，如图6-6（b）所示。

（4）变频器安装柜的选择

变频器安装柜的大致分为开式和闭式两种形式，其优缺点对比见表6-6，机柜安装处的周围条件（温度、湿度、粉尘、有腐蚀性气体、易燃易爆气体等）决定了机柜所应达到的保护等级。

表6-6　变频器安装柜形式的对比

柜机形式	开式机柜		闭式机柜		
通风方式	自然式通风	增强型自然通风	自然式通风	使用风扇，增强内循环，外部自然通风	使用热交换器作强制循环，内外流动空气
效果	主要通过自然对流进行散热，机柜壁也有一点散热作用	通过加装风扇提高空气的流动，增强散热效果	只能通过机柜壁散热，柜内只允许有较低的功率消耗。在机柜内常发生热集聚现象	只能通过机柜壁散热，内部空气的强制流动改善了散热条件，并防止了热集聚现象	通过内部的热空气和外部的冷空气的交换来散热，这就增大了热交换的有效面积。此外，强制性的内外循环可带出更多的热量
防护级别	IP20	IP20	IP54	IP54	IP54
柜内允许消耗的典型功率	最高700W	最高2700W（在带一个小型过滤器时为1400W）	最高260W	最高360W	最高1700W

友情提示

　　安装柜内允许消耗的功率取决于机柜的类型、机柜周围环境的温度和机柜内各设备的布局。表6-7列出了变频器安装柜的参考尺寸，安装条件为安装柜的温升为10℃，周围温度为40℃。

表6-7　变频器安装柜参考尺寸

变频器装置		损耗(额定时)/W	密封型概略尺寸/mm			风扇冷却概略尺寸/mm		
电压/V	容量/kW		宽	深	高	宽	深	高
200/220	0.4	62	400	250	700	—	—	—
	0.75	118	400	400	1100	—	—	—
	1.5	169	500	400	1600	—	—	—
	2.2	190	600	400	1600	—	—	—
	3.7	273	1000	400	1600	—	—	—
	5.5	420	1300	400	2100	600	400	1200
	7.5	525	1500	400	2300	—	—	—
400/440	0.75	102	400	400		—	—	—
	1.5	130	400	400	1400	—	—	—
	2.2	150	600	400	1600	—	—	—
	3.5	195	600	400	1600	—	—	—
	5.5	290	700	600	1900	—	—	—
	7.5	385	1000	600	1900	600	400	1200
	11	580	1600	600	2100	600	600	1600
	15	790	2200	600	2300	600	600	1600
	22	1160	2500	1000	2300	600	600	1900
	30	1470	3500	1000	2300	700	600	2100
	37	1700	4000	1000	2300	700	600	2100
	45	1940	4000	1000	2300	700	600	2100
	55	2200	4000	1000	2300	700	600	2100
	75	3000	—	—	—	800	550	1900
	110	4300	—	—	—	800	550	1900
	150	5800	—	—	—	900	550	2100
	220	8700	—	—	—	1000	550	2300

(5) 变频器与电动机的距离

在使用现场，变频器与电动机安装的距离可以分为三种情况：远距离、中距离和近距离。100m 以上为远距离；20～100m 为中距离；20m 以内为近距离。

变频器的安装位置及变频器与电动机的连接距离恰当，可减小谐波的影响。如果变频器和电动机之间的距离在 20～100m，需要调整变频器的载波频率来减少谐波和干扰；而当变频器和电动机之间的连接距离在 100m 以上时，不但要适度降低载波频率，还要加装浪涌电压抑制器或输出用交流电抗器。不同型号的变频器在这方面的性能有所不同。

在集散控制系统中，由于变频器的高频开关信号的电磁辐射会对电子控制信号产生干扰，因此，常常把大型变频器放到中心控制室内。而大多数中、小容量的变频器则安装在生产现场，这时可采用 RS485 串行通信方式连接。若还要加长距离，可以利用通信中继器，可达 1km。如果采用光纤连接器，可以达到 23km。采用通信电缆连接，可以很方便地构成多级驱动控制系统，实现主/从和同步控制等要求。

友情提示

目前，比较典型的现场总线有 ProfiBus、LonWonks、FF 等，其最大特点是用数字信号取代模拟信号，模拟现场信号电缆被高容量的现场总线网络取代，从而使数据传输速度大大提高，实现控制彻底分散化，这种分散有利于缩短变频器到电动机之间的距离，使系统布局更加合理。

(6) 变频器主电路的接线

主电路基本接线如图 6-7 所示。主电路端子与连接端子的对应关系见表 6-8。对于主电路各端子的具体连接，应注意以下问题。

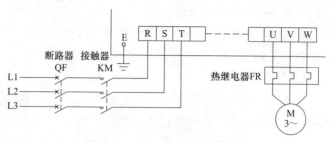

图 6-7　主电路基本接线图

表 6-8　主电路端子与连接端子的对应关系

端子符号	端子名称	说　明
R、S、T	主电路电源端子	连接三相电源
U、V、W	变频器输出端子	连接三相电动机
P1、P(+)	直流电抗器连接用端子	改善功率因数的电抗器
P(+)、DB	外部制动电阻器连接用端子	连接外部制动电阻(选用件)
P(+)、N(-)	制动单元连接端子	连接外部制动单元
PE	变频器接地用端子	变频器机壳的接地端子

　　① 主电路电源输入端（L1/R、L2/S、L3/T）。主电路电源端子通过线路保护用断路器和交流电磁接触器连接到三相电源上，无需考虑连接相序。变频器保护功能动作时，使接触器的主触点断开，从而及时切除电源，防止故障扩大。不能采用主电路电源的开/关方法来控制变频器的运行与停止，而应使用变频器本身的控制键来控制。还要注意变频器的电源三相与单相的区别，不能接错。

　　② 变频器的输出端子应按正确相序连接到三相异步电动机。如果电动机旋转方向不对，则交换 U、V、W 中任意两相接线。

　　变频器的输出侧一般不能安装电磁接触器，若必须安装，则一定要注意满足以下条件：变频器若正在运行中，严禁切换输出侧的电磁接触器；要切换接触器必须等到变频器停止输出后才可以。变频器的输出侧不能连接电力电容器、浪涌抑制器和无线电噪声滤波器，这将导致变频器故障或电容器和浪涌抑制器的损坏。驱动较大功率电动机时，在变频器输出端与电动机之间要加装热继电器。

③ 直流电抗器连接端子 [P1、P（＋）]。这是为改善功率因数而设直流电抗器（选件）的连接端子，出厂时端子上连接有短路导体。使用直流电抗器时，先取掉此短路导体；不使用时，让短路导体接在电抗器上（西门子 MM440 变频器中是 DC/R＋、B＋/DC＋两个端子）。

④ 外部制动电阻连接端子 [P（＋）、DB]。不同品牌的变频器，外部制动电阻的连接端子有所不同。对富士变频器，G11S 型 7.5kW 以下和 P11S 型 11kW 以下的变频器有这两个端子。对前一种规格的变频器，机器内部装有制动电阻，且连接于 P（＋）、DB 端子上。如果内装的制动电阻热容量不足（当高频运行或重力负载运行时等）或为了提高制动力矩等，则必须外接制动电阻（选件）。连接时，先从 P（＋）、DB 端子上卸下内装制动电阻的连接线，并对其线端绝缘，然后将外部制动电阻连接到变频器的 P（＋）、DB 端子上。注意配线长度应小于 5m，用双绞线或双线密绕并行配线。

西门子 MM440 变频器的外部制动电阻的连接端子为 B＋/DC＋和 B－，要求制动电阻必须垂直安装并紧固在隔热的面板上。

⑤ 变频器接地端子（G）。为了安全和减少噪声，变频器的接地端子 G（或 PE）必须可靠接地。为了防止电击和火灾事故，电气设备的金属外壳和框架均应按照国家要求设置。接地线要短而粗，变频器系统应连接专用接地极。

(7) 变频器控制电路的接线

① 输入端的接线

a. 触点或集电极开路输入端（与变频器内部线路隔离）的接线如图 6-8 所示，图中 SD 为公共端。

b. 模拟信号输入的接线 主要包括输入侧的给定信号线和反馈信号线。模拟信号的抗干扰能力较低，因此必须使用屏蔽线。电缆的屏蔽可利用已接地的金属管或金属通道和带屏蔽的电缆。屏蔽层靠近变频器的一端，应接控制电路的公共端（COM），而不要接到变频器的地端（E）或大地，屏蔽层的另一端悬空，如图 6-9

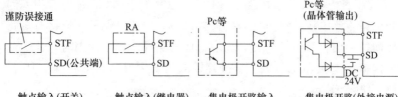

图 6-8　输入端的接线

所示。

　　c. 频率设定电位器的接线

　　频率设定电位器必须根据其端子号进行正确连接，如图6-10所示，否则变频器将不能正确工作。

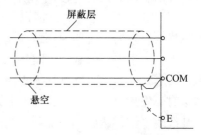

图 6-9　屏蔽线的接法

　　② 输出端的接线　变频器控制电路输出端的应按照相应的控制电路图进行接线，如图 6-11 所示为变频调速电动机正转控制电路的接线图。

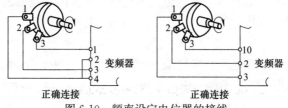

图 6-10　频率设定电位器的接线

友情提示

　　变频器的控制信号分为模拟量信号、频率脉冲信号和开关信号三大类。对应的模拟量控制主要包括输入侧的给定信号线和反馈信号线，输出侧的频率信号线和电流信号线。开关信号控制线有启动、点动、多挡转速控制等控制线。与主回路接线不同，控制线的选择和配置要增加抗干扰措施。

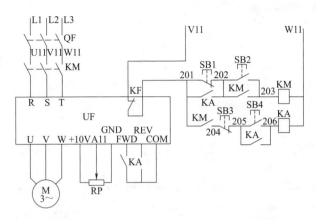

图 6-11 变频调速电动机正转控制电路的接线图

(8) 变频器的接地

变频器系统接地的主要目的是为了防止漏电及干扰的侵入或对外辐射。回路必须按电气设备技术标准和规定接地，采用实用牢固的接地桩。变频器的接地方式如图 6-12 所示，图 6-12（a）所示方式最好；图 6-12（b）中其他机器的接地线未连到变频器上，可以采用；图 6-12（c）所示方式则不可采用。

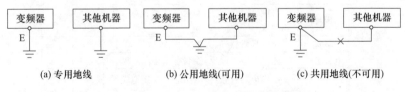

图 6-12 变频器接地方式

对于单元型变频器，接地线可直接与变频器的接地端子连接，当变频器安装在配电柜内时，则与配电柜的接地端子或接地母线连接，不管哪一种情况，都不能经过其他装置的接地端子或接地母线，而必须直接与接地电极或接地母线连接。根据电气设备技术标准，接地线必须用直径 1.6mm 以上的软铜线。

友情提示

变频器控制电路的接地应注意以下几点。

① 信号电压、电流回路（4～20mA，0～5V 或 1～5V）的电线取一点接地，接地线不作为传送信号的电路使用。

② 使用屏蔽电线时要使用绝缘屏蔽电线，以免屏蔽金属与被接地的通道金属管接触。

③ 电路的接地在变频器侧进行，应使用专设的接地端子，不与其他的接地端公用。

④ 屏蔽电线的屏蔽层应与电线导体长度相同。电线在端子箱里进行中继时，应装设屏蔽端子，并互相连接。

6.1.5 变频器的日常维护

(1) 常规检查项目

变频器常规检查的项目、具体内容和检查周期见表 6-9。

表 6-9 变频器常规检查项目

范围	检查项目	明 细 内 容	检查周期		
			正常	定期	
				一年	二年
装置本体	周围环境	温度、湿度、灰尘、有害气体是否符合使用要求	○		
	装置	有无异常振动、异常声音、冒烟	○		
	电源电压	主电路输入电压、控制电压是否正常	○		
主电路	粗检	绝缘电阻检查(主电路端子与接地端子之间)；			○
		紧固件是否有松动；		○	
		元件有无过热现象；		○	
		清拭		○	
	母线、软导线与接插件	母线是否变形(受电动力)；		○	
		导线有无受损或过热变色甚至烧毁；		○	
		接插件是否完好，接插弹力是否正常		○	

续表

范围	检查项目	明 细 内 容	检查周期		
			正常	定期	
				一年	二年
主电路	变压器、电抗器	是否有绝缘物(尼龙支架、绝缘清漆等)过热烧焦的异味;铁芯是否有异声	○ ○		
	端子板	有无损伤		○	
	电解电容器	有无液体渗漏;安全塞是否顶出,端部有否膨胀鼓出;电容量测定;按工作电压耐压试验	○ ○	○ ○	
	接触器、继电器	吸合时有无异声;触点接触是否良好;线圈电阻检查	○	○ ○	
	电阻(包括制动电阻)	绝缘层有无裂纹;阻值有无变化,有否开路		○ ○	
控制电路与保护电路	元件检查	控制板电阻表层有无裂纹或变色;电解电容器有无漏液或膨胀鼓出;驱动电路晶体管、IC 电路、电阻、电容等有无异常或开裂	○ ○ ○ ○		
	印制电路板	基板及铜箔走线有无烧损;电路板表面清洁程度	○ ○		
	工作状态检查	检查三相输出电压是否对称;进行保护动作试验(视条件而定)	○	○	
冷却系统	冷却风扇与散热器	风扇应运转,无异常振动或异常声音;散热器通风道内无堵塞;风扇网或空气过滤器是否应清扫	○ ○ ○		

(2) 易损件的更换周期

变频器即使在正常的工作环境下,内部器件也存在老化、寿命的问题。表 6-10 为变频器易损件的标准更换周期。

表 6-10 变频器易损件及周期

名称	标准更换周期	方法	名称	标准更换周期	方法
冷却风机	3 万～4 万小时	换新	控制板	按情况而定	换新
主电路电解电容器	5 万～6 万小时	换新	接触器	按情况而定	换新
快速熔断器	10 年	换新			

 友情提示

实际上，在良好的应用环境下，变频器的上述部件的使用寿命都比标准的更换周期要长(包括电解电容器)。与此相反，变频器在恶劣的环境下的使用寿命比标准更换周期大大缩短，例如导印制电路板(PCB)潮湿，或连续在高温下运行等。数据表明，变频器在额定环境温度40℃以上连续运行，每升高10℃，寿命将缩短一半。

6.1.6 变频器常见故障的处理

(1) 开关电源故障的处理

变频器的控制电源，大都由开关电源所提供。开关电源就是由电路控制开关管进行高速的导通与截止，将直流电转化为高频率的交流电，再通过变压器进行变压隔离，产生不同的多组交流电压，然后经整流、滤波变换为变频器控制所需的直流电压。

开关电源通常为自激式 DC/DC，一次绕组电压取自中间直流环节电压，二次绕组（多组）分别提供给主控板（＋5V）、驱动板（±15V，4 路）和 I/O 电路（＋24V）等，具体由变频器的电路设计而定。

面板有无显示，在很多情况下是由于开关电源的故障所造成的。开关电源故障原因及处理方法见表 6-11。

(2) 整流桥故障的处理

整流桥故障现象有两个各方面的表现：一是整流模块中的整流二极管一个或多个损坏而开路，导致主回路直流电压下降，变频器输入缺相或直流低电压保护动作报警。二是整流模块中的整流二极管一个或多个损坏而短路，导致变频器输入电源短路，供电电源跳闸，变频器无法上电。

整流桥的故障原因及分析见表 6-12。

表 6-11 开关电源故障原因及处理方法

故障现象	故障原因	处理方法
开关电源不工作	①变频器直流母线无电压，开关电源并无损坏	①除非开关电源电路中的器件已明显损坏，一般应先检查变频器充电指示灯是否点亮，直流母线电压值是否正常，充电电阻是否损坏等，以免判断失误
	②开关电源损坏，其中输入过电压所造成的损坏最为常见。由于过电压引起开关管击穿，起振电路电阻开路，造成电路停振。其他原因如变压器匝间短路、PWM 控制电路的芯片损坏等均会造成开关电源停止工作	②更换已损坏的元件
	③控制电源发生短路，开关电源因保护动作停止工作	③更换已损坏的元件
开关电源工作异	常见情况是一路或多路输出电压纹波大，直流电压值偏低，使得变频器不能正常工作	重点检查滤波电容器有无"胖顶"鼓出，可用电容表或万用表测量其实际的电容值。当需要更换电容器时，应选用相同规格完好的电容器，焊接时注意正负极不要搞错

表 6-12 整流桥的故障原因及分析

故障原因	故障分析
因过电流而烧毁	直流母线内部放电短路、电容器击穿短路或逆变桥短路而引起整流模块烧毁。原因是当整流模块在瞬间流过短路电流后，在母线上会产生很高的电压和很大的电动力，继而在母线电场最不均匀且耐压强度最薄弱的地方产生放电引起新的相间或对壳放电短路。这种现象在裸露母线结构或母线集成在印制电路板的变频器中经常发生

续表

故障原因	故障分析
因过电压而击穿	通常是由于电网电压浪涌引起,这个过电压会造成整流模块的击穿损坏;还有电动机再生所引起的直流过电压,或使用了制动单元但制动放电功能失效(例如制动单元损坏、放电电阻损坏),整流模块均有可能因电压击穿而损坏。输入电路中阻容吸收或压敏电阻有元件损坏,对于经常性出现电网浪涌电压或是由自备发电机供电的地方,整流模块容易受到损坏
晶闸管异常	采用三相半控整流的晶闸管整流模块,模块出现异常情况时除了检查模块好坏外还应检查控制板触发脉冲是否正常;带开机限流晶闸管的整流模块,当模块的晶闸管不能正常工作时,除了检查晶闸管好坏外,还要检查脉冲控制信号是否正常

(3) 直流母线故障的处理

直流母线的故障现象及原因分析见表6-13。

表6-13　直流母线故障现象及原因分析

故障现象	故障原因
变频器直流母线电压偏低乃至变频器直流低电压报警	交流输入缺相或整流桥有二极管损坏,整流桥输出的直流电压低于正常值,造成变频器输出电压偏低,通常变频器会输出直流低电压报警或电源缺相(变频器通过计算脉波数)报警信号
滤波电容器短路,输入回路接触器跳闸,变频器无法开机	滤波电容器老化,容量下降,造成带载情况下变频器输出电压偏低。滤波电容器因直流母线过电压击穿,或因均压电阻有一开路,引起与之连接的电容器两端电压升高,超过额定电压值而损坏
充电限流电阻开路,变频器无法开机	充电接触器接点烧损造成接触不良甚至开路,负载电流流过充电电阻,引起变频器直流母线电压降低,变频器低电压报警。充电限流电阻损坏,变频器上电后直流母线电压为零,开关电源无法工作,变频器不能正常开机

(4) 逆变桥故障的处理

逆变桥故障是变频器发生最多的故障之一。

① 逆变桥故障现象

a. 逆变桥的一臂模块击穿或炸裂。

b. 逆变桥的不同臂模块两个或以上击穿或炸裂。

c. 输出缺相，三相电压不对称。

d. 无电压输出。

② 逆变桥故障原因

a. 一路逆变模块的控制极损坏或无触发信号，引起输出电压缺相，三相电压压不对称。

b. IGBT门极开路或驱动电路引起的脉冲异常（如上下桥臂中有一臂的晶体管始终被开通）而造成臂内贯穿短路。

c. 欠驱动。由于驱动电路工作异常或开关电源工作异常，触发脉冲幅值过低，脉冲沿坏，而造成开关管管电压降过大，发热而损坏。

d. 缓冲电路元件损坏或在没有制动斩波器的情况下，不适当的快速降频而造成直流过电压，造成模块电压击穿而损坏。

e. 变频器输出发生短路后变频器的短路保护不能有效动作，快速切除短路电流。

f. 模块长期在极低频率下工作（如1Hz以下），此时模块内部管芯的结温容易高于125℃，致使模块加速老化而损坏。

j. 逆变器的冷却通风不良，造成模块长期过热，加速了模块的老化。

h. 接线错误（如将电网电源接至变频器的输出）。

(5) 驱动电路故障

驱动电路的故障现象及原因分析见表6-14。

表6-14　驱动电路的故障现象及原因分析

故障现象	故障原因
控制板驱动电路有元件损坏	驱动电路故障往往是因为逆变模块的损坏造成电路器件被损坏引起的。被损器件中多为驱动三极管、保护稳压管、光耦等。有相当一部分变频器的驱动电路做成厚膜电路，所以，驱动电路的故障，有时往往可以被认为是厚膜电路的故障

故障现象	故障原因
模块完好,但三相输出缺相	驱动异常,包括开关电源所提供的电源异常、滤波电容器失效等

(6) CPU 主板故障的处理

仅仅是因为 CPU 的故障,在变频器所发生的总故障中,只占很小的比例,但当发现光耦输入端六路脉冲其中一路或几路异常或程序显示异常时就应怀疑 CPU 板有故障了。故障的原因可能是 CPU 损坏、E²ROM 损坏或芯片组的其他 IC 电路或光耦损坏。对于使用 EPROM 的变频器,EPROM 和晶振的损坏也会引起 CPU 板的故障发生。

CPU 板故障的发生往往与使用环境不良有关,例如 PCB 板积灰、受潮,供电电源的异常等都会引起 CPU 工作不正常。对于内部信号闭环控制的变频器,如矢量控制、直接转矩控制变频器等,由于硬件的变化有时会引起内部环路自激而产生失控的现象,例如在端口无命令信号的情况下,出现有频率输出的情况。

检查出 CPU 发生故障,甚至能确定某个口线损坏时,用户往往无法进行修复。通常只能连主板一起更换。

(7) I/O 电路故障的处理

对于输入输出信号回路而言,I/O 故障比较多发生在光耦器件和比较器电路的异常或损坏上。光耦器件的损坏不少是由于人为损坏而造成,例如将数字端口误接至电源,致使端口损坏失效。而比较器工作异常则往往是由于供电电源以及硬件电路参数发生改变而引起的。与 I/O 电路相关的比较器以及来自传感器的信号,一旦发生异常往往会被认为是 I/O 故障,例如过电压、过电流、过热等信息的误动作。对于上述这种情况,在判定传感器正常的前提下,就可以确定是该部分的电路中有故障存在。在大多数情况下是可以修复的。

(8) 监控键盘故障的处理

监控键盘故障较多的现象是变频器上电后,键盘可能有显示

（说明供电电源正常），但对其操作无效。快速的判断方法是用一个好的键盘来试验，即可确定该键盘是否存在故障。

对于轻触键的故障可以通过打开外盖清洗内部接触点来排除；由于导电橡胶引起接触不良的故障，可以通过更换键膜或使用专用导电胶进行修补来解决。

(9) 接插件故障的处理

运行中发生故障的变频器，接插件常常因为电路的短路、放电而被烧损，损坏的接插件原则上应更换。因环境不良引起接触件氧化、插拔用力不当、在卡子锁紧状态下硬拔或拉住导线施力等都容易造成接插件的损坏。

接插件在变频器中起到很重要的作用，任何接触不良都会引起脉冲信号失常。特别是功率较大的驱动回路中，接插件往往流过较大的驱动电流，接触电阻增大就意味着驱动能力的下降和开关导通饱和电压降的加大，最终有可能造成功率模块损坏。对于 IGBT 变频器来说，功率模块的驱动回路如接插件接触不良而造成控制极开路的话，将造成逆变桥短路乃至变频器损坏，这将是十分严重的后果。

(10) 传感器故障的处理

① 电流传感器故障　变频器对电流的检测在技术上有很高的要求，通常采用磁补偿原理制造的电流传感器，它由一次电路、二次线圈、磁环、位于磁环气隙中的霍尔传感器和放大电路等组成。工作原理是磁场平衡，这种电流传感器所出现的故障，可以归结如下。

a. 供电电源异常。正、负电源值不对称；正或负电源缺失等。

b. 放大器故障。现象为输出异常，零电流情况下，有输出。

c. 取样回路异常。例如取样电阻损坏等。

② 电压检测电路故障

a. 分压电阻开路或烧损。通常分压电阻由多个串联而成，其中任何一个电阻开路都会引起电压检测回路的异常。

b. 测量回路异常。通常是比较器 IC 损坏。

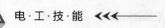

③ 温度传感器故障　温度传感器故障的现象大多数为无故超温报警。通常由温度传感器故障引起：

a. 热敏电阻感温元件变值；

b. 温度开关不能准确动作。

6.2　PLC 应用技能

6.2.1　认识 PLC

(1) 什么是可编程控制器

可编程控制器简称 PLC，国际电工委员会（IEC）对 PLC 的定义为：是一种数字运算操作的电子系统，专门在工业环境下应用而设计。它采用可以编制程序的存储器，用来在执行存储逻辑运算和顺序控制、定时、计数和算术运算等操作的指令，并通过数字或模拟的输入（I）和输出（O）接口，控制各种类型的机械设备或生产过程。

(2) PLC 的特点

PLC 采用软件来改变控制过程，作为传统继电器的替代产品，广泛应用于工业控制的各个领域。因为 PLC 具有以下特点。

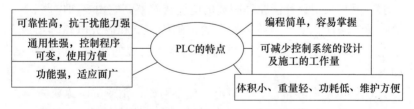

(3) PLC 的一般结构

PLC 的一般结构如图 6-13 所示，各个组成部分的功能说明见表 6-15。

(4) PLC 的基本工作过程

PLC 一般采用"顺序扫描，不断循环"的方式周期性地进行工作，每个周期分为输入采样、程序执行和输出刷新 3 个阶段。大中型 PLC 的工作过程如图 6-14（a）所示，小型 PLC 的工作过程如图 6-14（b）所示。

(5) PLC 的分类

PLC 产品种类繁多，其规格和性能也各不相同。对 PLC 的分类，通常根据其结构形式的不同、功能的差异和 I/O 点数的多少等进行大致分类。

① 按结构形式分类　根据 PLC 的结构形式，可分为整体式和模块式两类，见表 6-16。

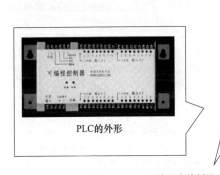

PLC 的外形

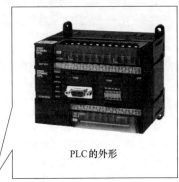

PLC 的外形

图 6-13　PLC 的一般结构

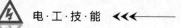

表 6-15　PLC 各个组成部分功能说明

结构		功能说明
CPU		PLC 的核心部件,相当于 PLC 的大脑,总是不断地采集输入信号,执行用户程序,刷新系统输出。PLC 所采用的 CPU 主要有以下三种。 ①通用 CPU。小型 PLC 一般使用 8 位 CPU 如 8080/8085、6800 和 Z80 等,大中型 PLC 除使用位片式 CPU 外,大都使用 16 位或 32 位 CPU。近年来不少 PLC 的 CPU 已升级到 INTEL 公司的微处理器产品,有些已采用奔腾(PENTIUM)处理器,如西门子公司的 S7-400。采用通用微处理器的优点是:价格便宜,通用性强,还可借用微机成熟的实时操作系统和丰富的软硬件资源。 ②单片 CPU(即单片机)。它具有集成度高、体积小、价格低及可扩展性好等优点。如 INTEL 公司的 8 位 MCS-51 系列运行速度快,可靠性高,体积小,很适合于小型 PLC;16 位 96 系列速度更快,功能更强,适合于大中型 PLC 使用。 ③位片式 CPU。它是独立于微型机的一个分支,多为双极型电路,4 位为一片,几个位片级联可组成任意字长的微处理器,代表产品有 AMD2900 系列。PLC 中位片式微处理器的主要作用有两个,一是直接处理一些位指令,从而提高了位指令的处理速度,减少了位指令对字处理器的压力;二是将 PLC 的面向工程技术人员的语言(梯形图、控制系统流程图等)转换成机器语言。 模块式 PLC 把 CPU 作为一种模块,备有不同型号供用户选择
存储器	系统程序存储器	用来存放系统管理、用户指令解释及标准程序模块、系统调用等程序,用户不能随意修改,常用 EPROM 构成
	用户程序存储器	用来存放用户编写的程序,其内容可由用户任意修改或增删,常用 RAM 构成,为防止掉电时信息的丢失,有后备电池作保护。 PLC 中已提供一定容量的存储器供用户使用,但对有些用户,可能还不够用,因此大部分 PLC 都提供了存储器扩展(EM)功能,用户可以将新增的存储器扩展模板直接插入 CPU 模板中,也有的是插入中央基板中

结构	功能说明
接口单元	为了实现"人-机"或"机-机"之间的对话,PLC中配有多种通信接口单元。通过这些通信接口单元,PLC可以与监视器、打印机、其他PLC或计算机相连。 输入接口单元用来接收和采集输入信号,可以是按钮、限位开关、接近开关、光电开关等开关量信号,也可以是电位器、测速发电机等提供的模拟量信号。 输出接口单元可用来控制接触器、电磁阀、电磁铁、指示灯、报警装置等开关量器件,也可控制变频器等模拟量器件。 常用的开关量输入接口按其使用的电源不同有三种类型:直流输入接口、交流输入接口和交/直流输入接口
电源	PLC的供电电源一般为AC220V或DC24V。一些小型PLC还提供DC24V电源输出,用于外部传感器的供电
编程器	用来生成用户程序,并用它进行检查、修改,对PLC进行监控等。 编程器有简易型和智能型两类。简易型编程器只能联机编程,且往往需要将梯形图转化为机器语言助记符后才能送入,简易编程器一般由简易键盘和发光二极管矩阵或其他显示器件组成。智能编程器又称图形编程器,它可以联机编程,也可以脱机编程,具有LCD(液晶显示器)或CRT图形显示功能,可直接输入梯形图和通过屏幕对话。 还可以利用微机(PC)作为编程器,这时微机应配有相应的软件包

② 按功能分类 根据PLC所具有的功能不同,可将PLC分为低档、中档、高档三类,见表6-17。

③ 按I/O点数分类 根据PLC的I/O点数的多少,可将PLC分为小型、中型和大型三类,见表6-18。

(6) PLC的主要技术指标

PLC的主要技术指标见表6-19。

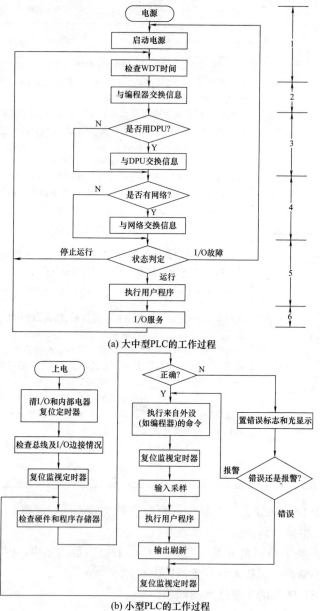

(a) 大中型PLC的工作过程

(b) 小型PLC的工作过程

图 6-14　PLC 的工作过程

表 6-16　PLC 按照结构形式分类

种类	特　点	图　示
整体式 PLC	整体式 PLC 是将电源、CPU、I/O 接口等部件都集中装在一个机箱内,具有结构紧凑、体积小、价格低的特点。小型 PLC 一般采用这种整体式结构。 　整体式 PLC 由不同 I/O 点数的基本单元(又称主机)和扩展单元组成。基本单元内有 CPU、I/O 接口、与 I/O 扩展单元相连的扩展口,以及与编程器或 EPROM 写入器相连的接口等。扩展单元内只有 I/O 和电源等,没有 CPU。基本单元和扩展单元之间一般用扁平电缆连接。整体式 PLC 一般还可配备特殊功能单元,如模拟量单元、位置控制单元等,使其功能得以扩展	
模块式 PLC	将 PLC 各组成部分,分别做成若干个单独的模块,如 CPU 模块、I/O 模块、电源模块(有的含在 CPU 模块中)以及各种功能模块。 　模块式 PLC 由框架或基板和各种模块组成。模块装在框架或基板的插座上。这种模块式 PLC 的特点是配置灵活,可根据需要选配不同规模的系统,而且装配方便,便于扩展和维修。大、中型 PLC 一般采用模块式结构	电源单元 DIN导轨 CPU单元

表 6-17　PLC 按照功能分类

种类	特　　点
低档 PLC	具有逻辑运算、定时、计数、移位以及自诊断、监控等基本功能,还可有少量模拟量输入/输出、算术运算、数据传送和比较、通信等功能。主要用于逻辑控制、顺序控制或少量模拟量控制的单机控制系统
中档 PLC	除具有低档 PLC 的功能外,还具有较强的模拟量输入/输出、算术运算、数据传送和比较、数制转换、远程 I/O、子程序、通信联网等功能。有些还可增设中断控制、PID 控制等功能,适用于复杂控制系统
高档 PLC	除具有中档机的功能外,还增加了带符号算术运算、矩阵运算、位逻辑运算、平方根运算及其他特殊功能函数的运算、制表及表格传送等功能。高档 PLC 机具有更强的通信联网功能,可用于大规模过程控制或构成分布式网络控制系统,实现工厂自动化

表 6-18　PLC 按 I/O 点数分类

种类	特　　点
小型 PLC	I/O 点数为 256 点以下的为小型 PLC。其中,I/O 点数小于 64 点的为超小型或微型 PLC
中型 PLC	I/O 点数为 256 点以上、2048 点以下的为中型 PLC
大型 PLC	I/O 点数为 2048 以上的为大型 PLC。其中,I/O 点数超过 8192 点的为超大型 PLC

表 6-19　PLC 的主要技术指标

技术指标	说　　明
存储容量	PLC 的存储容量通常指用户程序存储器和数据存储器容量之和,表征系统提供给用户的可用资源,是系统性能的重要技术指标
I/O 点数	输入/输出(I/O)点数是 PLC 可以接受的输入信号和输出信号的总和,是衡量 PLC 性能的重要指标。I/O 点数越多,外部可接的输入设备和输出设备就越多,控制规模就越大
扫描速度	扫描速度是指 PLC 执行用户程序的速度,一般以扫描 1KB 的用户程序所需时间来表示,通常以 ms/KB 为单位。PLC 用户手册一般给出执行各条指令所用的时间,可以通过比较各种 PLC 执行相同操作所用的时间来衡量扫描速度的快慢。 影响扫描速度的主要因素有用户程序的长度和 PLC 产品的类型。CPU 的类型、机器字长等直接影响 PLC 运算精度和运行速度

续表

技术指标	说　明
指令系统	指令系统是指 PLC 所有指令的总和。PLC 具有基本指令和功能指令。指令的种类、数量也是衡量 PLC 性能的重要指标。PLC 的编程指令越多,软件功能越强,其处理能力和控制能力也越强,用户的编程越简单、方便,越容易完成复杂的控制任务
通信功能	通信分 PLC 之间的通信和 PLC 与其他设备之间的通信两类。通信主要涉及通信模块、通信接口、通信协议和通信指令等内容。PLC 的组网和通信能力也是 PLC 技术水平的重要衡量指标之一
内部元件的种类与数量	在编制 PLC 程序时,需要用到大量的内部元件来存放变量、中间结果、保持数据、定时计数、模块设置和各种标志位等信息,这些元件的种类与数量越多,表示 PLC 的存储和处理各种信息的能力越强
特殊功能单元	特殊功能单元种类的多少与功能的强弱是衡量 PLC 产品的重要指标之一。近年来各 PLC 厂商非常重视特殊功能单元的开发,特殊功能单元种类日益增多、功能日益增强,控制功能日益扩大
可扩展能力	PLC 的可扩展能力包括 I/O 点数的扩展、存储容量的扩展、联网功能的扩展和各种功能模块的扩展等。在选择 PLC 时,需要考虑 PLC 的可扩展能力

 友情提示

　　PLC 厂家的产品手册上还有负载能力、外形尺寸、质量、保护等级、适用的安装和使用环境(如温度、湿度等的性能指标)等参数,供用户参考。

(7) PLC 的应用

　　目前,PLC 已广泛应用冶金、石油、化工、建材、机械制造、电力、汽车、轻工、环保及文化娱乐等各行各业,随着 PLC 性能价格比的不断提高,其应用领域不断扩大。PLC 的应用见表 6-20。

表 6-20 PLC 的应用

应用分类	说　明
开关量控制	利用 PLC 最基本的逻辑运算、定时、计数等功能实现逻辑控制,可以取代传统的继电器控制,用于单机控制、多机群控制、生产自动线控制等,例如:机床、注塑机、印刷机械、装配生产线、电镀流水线及电梯的控制等。这是 PLC 最基本的应用,也是 PLC 最广泛的应用领域
运动控制	大多数 PLC 都有拖动步进电机或伺服电机的单轴或多轴位置控制模块。这一功能广泛用于各种机械设备,如对各种机床、装配机械、机器人等进行运动控制
过程控制	大、中型 PLC 都具有多路模拟量 I/O 模块和 PID 控制功能,有的小型 PLC 也具有模拟量输入输出。以 PLC 不仅可实现模拟量控制,而且具有 PID 控制功能的 PLC 可构成闭环控制,用于过程控制。例如对温度、速度、压力、流量、液位等连续变化的模拟量控制
数据处理	PLC 都具有四则运算、数据传送、转换、排序和比较等功能,可对生产过程中的进行数据采集、分析和处理,同时可通过通信接口将这些数据传送给其他智能装置,如计算机数值控制(CNC)设备,进行处理
通信	PLC 的通信包括 PLC 与 PLC、PLC 与上位计算机、PLC 与其他智能设备之间的通信,PLC 系统与通用计算机可直接或通过通信处理单元、通信转换单元相连构成网络,以实现信息的交换,并可构成集散控制系统(集中管理、分散控制系统),满足工厂自动化(FA)系统发展的需要

6.2.2　PLC 的选用与安装

(1) PLC 的选用

随着 PLC 的推广普及,PLC 产品已有几十个系列,上百种型号。其结构形式、性能、容量、指令系统、编程方法、价格等各有不同,适用的场合也各有侧重。合理选择 PLC 产品,对于提高 PLC 控制系统的技术经济指标起着重要作用。

一般来说,PLC 的选择应根据生产实际的需要,综合考虑机型、容量、输入输出模块、电源模块等多种因素来选用。具体来说，应注意以下几点。

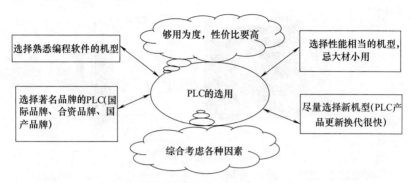

(2) PLC 安装环境的选择

虽然 PLC 可以适用于大多数工业现场，但它对使用场合、环境温度等还是有一定的要求。在安装 PLC 时，要避开下列场所。

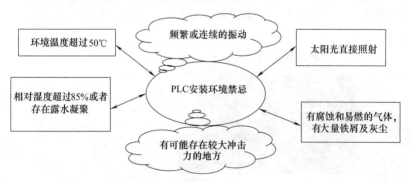

(3) PLC 的安装

不同类型的 PLC 有不同的安装规范，如 CPU 与电源的安装位置、机架间的距离、接口模块的安装位置，I/O 模块量、机架与安装部分的连接电阻等都有明确的要求，安装时必须按所用的产品的安装要求进行。

小型可编程控制器外有以下两种安装方法。

① 用螺钉固定，不同的单元有不同的安装尺寸，如图 6-15 (a) 所示。

② DIN（德国共和标准）轨道固定，如图 6-15 (b) 所示。

安装固定孔

导轨

PS CPU

(a)　　　　　　　　　　(b)

图 6-15　PLC 的安装方法

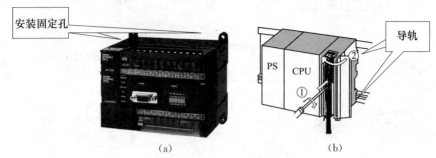

DIN 轨道配套使用的安装夹板，左右（或者上下）各一对。在轨道上，先装好左右夹板，装上 PLC，然后拧紧螺钉。

（4）PLC 安装的注意事项

① 为了使控制系统工作可靠，通常把可编程控制器安装在有保护外壳的控制柜中，以防止灰尘、油污、水溅，如图 6-16 所示。

PLC在安装这里

图 6-16　PLC 安装在控制柜中

② 为了保证可编程控制器在工作状态下其温度保持在规定环境温度范围内，安装机器应有足够的通风空间，基本单元和扩展单元之间要有 30mm 以上间隔。如果周围环境超过 55℃，要安装电风扇，强迫通风。

③ 为了避免其他外围设备的电干扰，可编程控制器应尽可能远离高压电源线和高压设备，可编程控制器与高压设备和电源线之间应留出至少 200mm 的距离。

④ 当可编程控制器垂直安装时，要严防导线头、铁屑等从通风窗掉入可编程控制器内部，造成印刷电路板短路，使其不能正常工作甚至永久损坏。

⑤ 良好的接地是保证PLC可靠工作的重要条件，可以避免偶然发生的电压冲击危害。接地的目的通常有两个，其一为了安全，其二是为了抑制干扰。完善的接地系统是PLC控制系统抗电磁干扰的重要措施之一，如图6-17所示为正确的接地方法，禁忌采用串联接地方式。

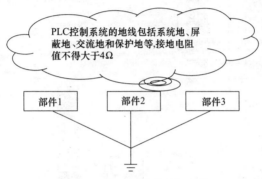

图 6-17　PLC 系统接地的方法

6.2.3　PLC 的使用与维护

(1) PLC 的使用

PLC 的使用主要有两个方面，一是硬件设置（包括接线等）；二是软件设置。

1）硬件设置

下面以欧姆龙相关产品为例，介绍 PLC 的硬件设置步骤及方法，见表 6-21。

2）软件设置

PLC 的启动设置、看门狗、中断设置、通信设置、I/O 模块地址识别都是在 PLC 的系统软件中进行的。一般来说，在软件设置前，首先必须安装 PLC 厂家的提供的软件包，包括 PLC 设置的

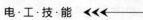

所有工具，例如编程、网络、模拟仿真等工具。接下来按照软件画面提示的步骤及方法，一步一步地进行软件设置。

表 6-21　硬件设置步骤及方法

步骤	方法	图　示
1	设置面板上的操作模式	
2	设置电压电流开关(注意：开关在接线端子下面，需要将接线端子卸下来)	
3	设置单元号	

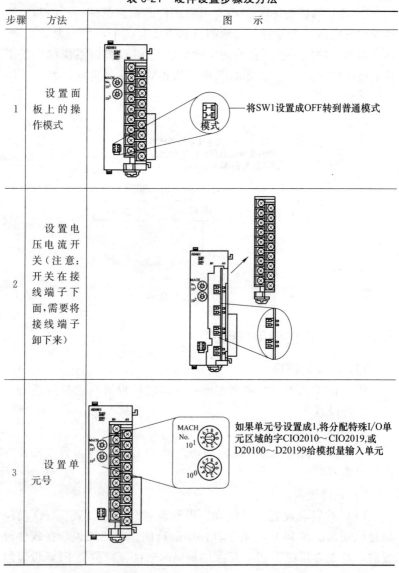

将SW1设置成OFF转到普通模式

如果单元号设置成1,将分配特殊I/O单元区域的字CIO2010～CIO2019,或D20100～D20199给模拟量输入单元

续表

步骤	方法	图　示
4	连接模拟量单元并配线	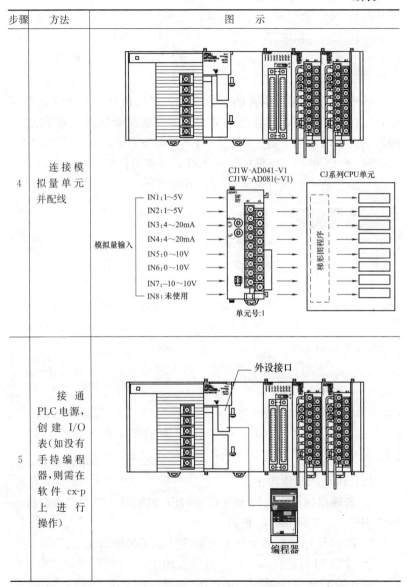
5	接通 PLC 电源，创建 I/O 表(如没有手持编程器，则需在软件 cx-p 上进行操作)	

不同品牌的 PLC，其软件设置方法有所不同，操作者应按照

厂家提供的操作说明进行软件设置。

每种 PLC 都有各自的编程软件作为应用程序的编程工具，常用的编程语言是梯形图语言，也有 ST、IL 和其他的语言。每一种 PLC 的编程语言都有自己的特色，指令的设计与编排思路都不一样。

各个 PLC 的编程语言的指令设计、界面设计都不一样，不存在孰优孰劣的问题，主要是风格不同。不能武断地说三菱 PLC 的编程语言不如西门子的 STEP7，也不能说 STEP7 比 ROCKWELL 的 RSLOGIX 要好，所谓的好与不好，其实与我们已经形成的编程习惯与编程语言的设计风格是否适用的问题。

友情提示

程序简洁不仅可以节约内存，出错的概率也会小很多，程序的执行速度也快很多，而且，今后对程序进行修改和升级也容易很多。例如，对于同样的一款 PLC 的同样一个程序的设计，如果编程工程师对指令不熟悉，编程技巧也差的话，需要 1000 条语句；但一个编程技巧高超的工程师，可能只需要 200 条语句就可以实现同样的功能。

虽然所有的 PLC 的梯形图逻辑都大同小异，只要熟悉了一种 PLC 的编程，再学习第二个品牌的 PLC 就可以很快上手。但是，在使用一个新的 PLC 的时候，还是应仔细将新的 PLC 的编程手册认真看一遍，看看指令的特别之处，尤其是自己可能要用到的指令，并考虑如何利用这些特别的方式来优化自己的程序。

（2）PLC 的日常维护

① 若输出接点电流较大或 ON/OFF 频繁者，要注意检查接点的使用寿命，有问题及时更换。

② PLC 使用于振动机械上时要注意端子的松动现象。

③ 注意 PLC 的外围温度、湿度及粉尘。

④ 锂电池寿命约 5 年，若锂电池电压太低，面板上 BATT.low 灯会亮，此时程序尚可保持一月以上。

友情提示

更换锂电池的步骤如下：

① 断开PLC的供电电源，若PLC的电源已经是断开的，则需先接通至少10s后，再断开。

② 打开CPU盖板(视不同厂家的产品，其打开方式不同，应参照其说明书，以免损坏设备)。

③ 在2min内(当然越快越好)，从支架上取下旧电池，并装上新电池，如图6-18所示。

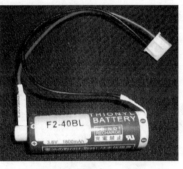

(a) 锂电池   (b) 电池更换示意图

图 6-18   PLC 锂电池更换

④ 重新装好CPU盖板。

⑤ 用编程器清除ALARM。

【知识窗】

PLC 的五种编程语言

PLC 的用户程序是设计人员根据控制系统的工艺控制要求，通过 PLC 编程语言的编制设计的。根据国际电工委员会制定的工业控制编程语言标准（IEC1131-3）。PLC 的编程语言包括顺序功能图（SFC）、梯形图、功能块图、指令表和结构文本五种。其中，顺序功能图（SFC）是最容易理解的，按照时间的先后顺序执行。

然后转换成梯形图，因为梯形图是 PLC 普遍采用的编程语言。不过 SFC 转换梯形图是很简单的

　　不同型号的 PLC 编程软件对以上五种编程语言的支持种类是不同的，早期的 PLC 仅仅支持梯形图编程语言和指令表编程语言。目前的 PLC 对梯形图（LD）、指令表（STL）、功能模块图（FBD）编程语言都以支持。比如，SIMATIC STEP7 Micro WIN V3.2。

参 考 文 献

[1]　杨清德. 全程图解电工操作技能，北京：化学工业出版社，2011.

[2]　杨清德，林安全. 图表细说企业电工应知应会，北京：化学工业出版社，2013.

[3]　杨清德. 电工基础技能直通车，北京：电子工业出版社，2011.

[4]　杨清德，赵顺洪. 低压电工技能直通车，北京：电子工业出版社，2011.

化学工业出版社电气类图书推荐

书号	书　　　名	开本	装订	定价/元
19148	电气工程师手册(供配电)	16	平装	198
06669	电气图形符号文字符号便查手册	大32	平装	45
10561	常用电机绕组检修手册	16	平装	98
10565	实用电工电子查算手册	大32	平转	59
16475	低压电气控制电路图册(第二版)	16	平装	48
12759	电机绕组接线图册(第二版)	横16	平装	68
13422	电机绕组图的绘制与识读	16	平装	38
15058	看图学电动机维修	大32	平装	28
15249	实用电工技术问答(第二版)	大32	平装	49
12806	工厂电气控制电路实例详解(第二版)	16	平装	38
08271	低压电动机控制电路与实际接线详解	16	平装	38
15342	图表细说常用电工器件及电路	16	平装	48
15827	图表细说物业电工应知应会	16	平装	49
15753	图表细说装修电工应知应会	16	平装	48
15712	图表细说企业电工应知应会	16	平装	49
16559	电力系统继电保护整定计算原理与算例(第二版)	B5	平装	38
09682	发电厂及变电站的二次回路与故障分析	B5	平装	29
08596	实用小型发电设备的使用与维修	大32	平装	29
10785	怎样查找和处理电气故障	大32	平装	28
11454	蓄电池的使用与维护(第二版)	大32	平装	28
11271	住宅装修电气安装要诀	大32	平装	29
11575	智能建筑综合布线设计及应用	16	平装	39
11934	全程图解电工操作技能	16	平装	39
12034	实用电工电子控制电路图集	16	精装	148
12759	电力电缆头制作与故障测寻(第二版)	大32	平装	29.8
13862	电力电缆选型与敷设(第二版)	大32	平装	29
09381	电焊机维修技术	16	平装	38
14184	手把手教你修电焊机	16	平装	39.8

书号	书　名	开本	装订	定价/元
13555	电机检修速查手册（第二版）	B5	平装	88
20023	电工安全要诀	大 32	平装	23
20005	电工技能要诀	大 32	平装	28
12313	电厂实用技术读本系列——汽轮机运行及事故处理	16	平装	58
13552	电厂实用技术读本系列——电气运行及事故处理	16	平装	58
13781	电厂实用技术读本系列——化学运行及事故处理	16	平装	58
14428	电厂实用技术读本系列——热工仪表与及自动控制系统	16	平装	48
17357	电厂实用技术读本系列——锅炉运行及事故处理	16	平装	59
14807	农村电工速查速算手册	大 32	平装	49
13723	电气二次回路识图	B5	平装	29
14725	电气设备倒闸操作与事故处理 700 问	大 32	平装	48
15374	柴油发电机组实用技术技能	16	平装	78
15431	中小型变压器使用与维护手册	B5	精装	88
16590	常用电气控制电路 300 例（第二版）	16	平装	48
15985	电力拖动自动控制系统	16	平装	39
15777	高低压电器维修技术手册	大 32	精装	98
18334	实用继电保护及二次回路速查速算手册	大 32	精装	98
15836	实用输配电速查速算手册	大 32	精装	58
16031	实用电动机速查速算手册	大 32	精装	78
16346	实用高低压电器速查速算手册	大 32	精装	68
16450	实用变压器速查速算手册	大 32	精装	58
17943	实用变频器、软启动器及 PLC 实用技术手册	大 32	精装	68
16883	实用电工材料速查手册	大 32	精装	78
17228	实用水泵、风机和起重机速查速算手册	大 32	精装	58
18545	图表轻松学电工丛书——电工基本技能	16	平装	49
18200	图表轻松学电工丛书——变压器使用与维修	16	平装	48
18052	图表轻松学电工丛书——电动机使用与维修	16	平装	48

书号	书　名	开本	装订	定价/元
18198	图表轻松学电工丛书——低压电器使用与维护	16	平装	48
18786	让单片机更好玩:零基础学用 51 单片机	16	平装	88
18943	电气安全技术及事故案例分析	大 32	平装	58
18450	电动机控制电路识图一看就懂	16	平装	59
16151	实用电工技术问答详解(上册)	大 32	平装	58
16802	实用电工技术问答详解(下册)	大 32	平装	48
17469	学会电工技术就这么容易	大 32	平装	29
17468	学会电工识图就这么容易	大 32	平装	29
15314	维修电工操作技能手册	大 32	平装	49
17706	维修电工技师手册	大 32	平装	58
16804	低压电器与电气控制技术问答	大 32	平装	39
20806	电机与变压器维修技术问答	大 32	平膜	39
19801	图解家装电工技能 100 例	16	平装	39
19532	图解维修电工技能 100 例	16	平装	48
20463	图解电工安装技能 100 例	16	平装	48
20970	图解水电工技能 100 例	16	平装	48
20024	电机绕组布线接线彩色图册(第二版)	大 32	平装	68
20239	电气设备选择与计算实例	16	平装	48
20377	小家电维修快捷入门	16	平装	48
19710	电机修理计算与应用	大 32	平装	68
20628	电气设备故障诊断与维修手册	16	精装	88
21760	电气工程制图与识图	16	平装	49
21875	西门子 S7-300PLC 编程入门及工程实践	16	平装	58

以上图书由化学工业出版社 电气出版分社出版。如要以上图书的内容简介和详细目录,或者更多的专业图书信息,请登录 www.cip.com.cn。

地址:北京市东城区青年湖南街 13 号 (100011)

购书咨询:010-64518888

如要出版新著,请与编辑联系。

编辑电话:010-64519265

投稿邮箱:gmr9825@163.com